我が国における食料自給率向上への提言

板垣啓四郎 編著

筑波書房

はしがき

　本書は、東京農業大学総合研究所のプロジェクト研究『我が国における食料自給率向上への提言』（研究代表者：板垣啓四郎）の成果の一部として、公刊されるものである。このプロジェクト自体は今後とも継続・実施される予定であるが、研究の中間報告としてあえて世に問い、広範にわたる識者・読者の皆様から種々のご質問やご意見をいただく機会にさせていただくべく、出版に踏み切った次第である。

　この研究プロジェクトが目指すところは、文字通り我が国の食料自給率を向上させるための有益で実践的な提言を示すことである。しかしながら、このむずかしい政策課題に有効な解決策を見出すことは決して容易でない。食料自給率の向上を考えていく場合、生産側からみれば、資源、環境、技術、経営、制度、社会、人づくり、フードシステムなど様々な側面からアプローチし、それらを農業・農村という現実に即して適切に組み合わせ、総合化していかなければならない。

　また、食料自給率の向上について語る場合、国産の食料・農産物を増加させるだけでなく、食生活の変化とりわけ国内産の消費増加、食料・農産物の輸出拡大、作物や食物における残渣物の有効利用、在庫の調整、食と農に対する人々の意識の変化など、食料と農業を取り巻く多元的かつ全体的な動きのなかで捉えていかなければならない。

　さらには、食料自給率のあり方を、マクロ経済の成長発展と農業部門との関係といった国内レベルの次元にとどめず、貿易・投資に対する自由化進展の国際的潮流のなかで、動態的に検討していかなければならない。TPP（環太平洋経済連携協定）という押し寄せる自由化の

波のなかでの「食と農林漁業の再生実現会議」の展開などが、まさしくそれに値する。

　食料が人間の生存に不可欠であり、それが農業や食品産業を通して供給される性質のものである以上、食料自給率のレベルは人間の安全保障に直結し、また自給率の向上は農業や食品産業の再生と発展、ひいては地方経済の活性化につながっていく。こうした自給率向上の波動が産業連鎖を引き起こすという発想も必要である。

　さて、私たちプロジェクト研究のメンバーは、上述したことを念頭におきながら、論じていく際のコンセプトの枠組みを食料自給率にとどめず食料供給力あるいは食料自給力（食料の供給と自給を高めていく力）にまで敷衍させて議論を進めていった。執筆したメンバー11名のうち8名は農業経済系、残りの3名は作物系であり、社会系と自然系に属するメンバーが自給率向上へ向けた着想をクロスセッションさせながら研究会を進め、その成果をまとめて本書を出版する運びとなった。以下、計11章からなる各章のねらいを簡潔に記しておくことにする。

　第1章「食料自給率と食料供給力：再考」（板垣啓四郎）は、食料自給率と食料供給力の違いを述べたうえで自給率の低い土地利用型作物の供給力を強化していくための農業生産者の取り組み方向について明らかにする。

　第2章「国際経済環境と日本農業」（金田憲和）は、国際経済を取り巻く環境が大きく変化するなかで日本農業の位置と方向は今後どのように進んでいくのかを、アジア地域を対象とした産業内貿易の分析から明らかにする。

　第3章「『食料自給率』の縁辺」（杉原たまえ）は、自給率をカロリー

ベースで語るときに見落とされがちな縁辺部の課題を、食料依存率、雑穀、花卉、自給地の側面から掘り起こし、その存在理由を評価する。

　第4章「土地利用型農業と自給力の向上」（井形雅代）は、土地利用型農業の現状と動向を、生産・消費・政策の面から明らかにするとともに、土地利用型作物の自給力向上に向けて取り組んでいるいくつかの事例を紹介する。

　第5章「国産大豆の需給の実態と実需者主導による需要の創出」（吉田貴弘）は、国産大豆に需給のミスマッチが生じている経緯と要因を明らかにする一方で、実需者によって主導される高付加価値大豆の需要創出の取り組みについて整理する。

　第6章「IT活用による農地の高度利活用と農業生産支援の可能性」（新部昭夫）は、土地資源の活用や農業生産性の向上に果たすIT技術の有効性について検討するとともに、それを駆使した精密農業の現状を事例に基づき明らかにする。

　第7章「加工・流通段階における主体間の連携に関する考察―国内冷凍野菜製造業者と大手冷凍野菜開発輸入業者を対象に―」（菊地昌弥）は、国内冷凍野菜製造業者が生産量をどのような機能をもつチャネルに優先して出荷し連携を図っていくかを、大手冷凍野菜開発輸入業者との関係性において明らかにする。

　第8章「土地利用型作物をめぐる技術革新のポテンシャリティ」（小塩海平）は、水田稲作の技術革新とりわけ湛水直播技術の適用事例、水田における冬期作付けなどの取り組み事例について紹介する。

　第9章「ムギ類（コムギ）の増産に向けた技術的課題」（丹羽克昌）は、コムギの増収技術を育種学的視点から、いくつかの品種改良手法を紹介する。

　第10章「地力維持に重点をおいた環境保全型農業の実態と課題」（入

江満美）は、地力の維持を中心とした環境保全型農業の取り組み実態を明らかにするとともに、飼料自給率を引き上げる事例、食品ロスの現状を明らかにする。

　第11章「食と農に関する学生の意識の所在―東京農業大学の学生を対象とした意識調査の結果から―」（菊地昌弥・田中裕人・金田憲和）は、食料自給率の向上などを目的とした施策全般に関する意識、重視している施策の把握、対象となる施策が有する課題を、学生に対する意識調査の結果に基づいて明らかにする。

　本書を上梓するにあたり、そのもととなったプロジェクトの研究会では様々な方々にお世話になった。特に本研究プロジェクトの起ち上げを企画・実行され、その後も暖かくご支援いただいた大澤貫寿東京農業大学学長、研究の進め方や内容について終始懇切にご指導をいただいた三輪睿太郎東京農業大学教授、研究会をさまざまに支えていただいた東京農業大学総合研究所の河野友宏所長をはじめとする総合研究所のスタッフの方々には、紙面をお借りして篤く御礼申し上げる次第である。最後に、本書の出版に多大なご尽力をいただいた筑波書房の鶴見治彦社長にも深甚の感謝を申し上げる。

　2011年厳冬の大学キャンパス窓辺にて

板垣　啓四郎

目　次

はしがき ……………………………………………………… 板垣　啓四郎……3

第1章　食料自給率と食料供給力：再考 …………………… 板垣　啓四郎……11
　はじめに ……11
　第1節　食料自給率の低下と農業生産の課題 ……13
　第2節　食料供給力の構成要素と強化 ……17
　第3節　食料自給率の向上へ向けて―まとめに代えて― ……21

第2章　国際経済環境と日本農業 ……………………………… 金田　憲和……25
　第1節　変わる国際経済環境―成長するアジア― ……25
　第2節　土地賦存と日本農業の競争力 ……27
　第3節　産業内貿易の可能性 ……29
　第4節　WTOとEPA/FTA ……33
　第5節　どのような方向性が必要か ……34

第3章　「食料自給率」の縁辺 …………………………………… 杉原　たまえ……37
　第1節　食料自給率の視座 ……37
　第2節　自給率の縁辺 ……39
　第3節　自給力の向上にむけて ……47

第4章　土地利用型農業と自給力の向上 ……………………… 井形　雅代……51
　はじめに ……51
　第1節　土地利用型作物の動向 ……52
　第2節　近年の土地利用型農業政策と国が目指す土地利用型農業の姿 ……54
　第3節　地域の事例から土地利用型農業を考える ……58

おわりに ……63

第5章　国産大豆の需給の実態と実需者主導による需要の創出
……………………………………………………………………吉田　貴弘……67

はじめに ……67
第1節　国産大豆の需給ギャップ ……68
第2節　実需者主導による国産大豆の需要創出 ……72
おわりに ……77

第6章　IT活用による農地の高度利活用と農業生産支援の可能性
……………………………………………………………………新部　昭夫……81

はじめに ……81
第1節　精密農業の概要と目的 ……82
第2節　リモートセンシング技術 ……83
第3節　精密農業の導入事例 ……85
第4節　作物モデルによる作物の発育と収量予測 ……88
第5節　IT活用の評価 ……93

第7章　加工・流通段階における主体間の連携に関する考察
　　　　―国内冷凍野菜製造業者と大手冷凍野菜開発輸入業者を対象に―
……………………………………………………………………菊地　昌弥……95

第1節　課題の設定 ……95
第2節　事例企業の位置づけと選定理由 ……97
第3節　脆弱な国産冷凍野菜の供給力 ……98
第4節　国内製造業者のメリット ……102
第5節　まとめにかえて ……105

第8章　土地利用型作物をめぐる技術革新のポテンシャリティ

　　　　　　　　　　　　　　　　　　　　　　　　　　　小塩　海平……109

　はじめに……109
　第1節　稲作技術の新展開……110
　第2節　水田の周年的な利用を目指した合理的な輪作体系の確立……115
　おわりに……117

第9章　ムギ類（コムギ）の増産に向けた技術的課題

　　　　　　　　　　　　　　　　　　　　　　　　　　　丹羽　克昌……121

　はじめに……121
　第1節　コムギと「緑の革命」……121
　第2節　わが国のコムギ生産の現状……122
　第3節　日本におけるコムギ育種の目標……123
　第4節　倍数性育種法の利用による増産……123
　第5節　雑種強勢育種法の利用による増産……125
　第6節　遺伝子工学的手法の利用による増産……126
　おわりに……126

第10章　地力維持に重点をおいた環境保全型農業の実態と課題

　　　　　　　　　　　　　　　　　　　　　　　　　　　入江　満美……131

　はじめに……131
　第1節　環境保全型農業とは……132
　第2節　作物の栄養　化学肥料……134
　第3節　環境保全型農業の取り組み実態……137
　第4節　食料自給率向上と食品ロス……139

第11章　食と農に関する学生の意識の所在
　　　―東京農業大学の学生を対象とした意識調査の結果から―
　　　……………………………… 菊地　昌弥・田中　裕人・金田　憲和……147
　はじめに……147
　第1節　調査方法と回答者の属性……148
　第2節　農業の多面的機能と食料自給率向上に対する意識……149
　第3節　食料自給率向上のための施策全般に対する意識……151
　第4節　国産農産物の安全性に関する施策の課題……153
　おわりに……156

あとがき ……………………………………………… 板垣　啓四郎 ……159

第1章
食料自給率と食料供給力：再考

板垣　啓四郎

はじめに

　主要先進諸国と比較して著しく低い食料自給率を引き上げることが、我が国の食料安全保障上の主要な政策課題であることは誰しも疑わないところであろう。ところが、食料自給率を現行の40％から50％まで引き上げると政府が公約[1]しているにもかかわらず、どこまで実現可能性を保証しうる論拠や実現に向けたシナリオが具体化されているのかと問えば、はなはだ心もとない。農地や担い手など食料供給力（食料自給力）を構成する諸要素と食料を生産する場としての農村の基底構造が、自給率を引き上げるにはあまりにも脆弱になり過ぎてしまっていることがその背景にある。

　食料供給力と食料自給率の間には、食料需要の大きさを所与とすれば、食料供給力の維持と強化が基礎となって農業生産が増加し、その結果として食料自給率が向上するという因果関係がある。その一方で、食料の需要をできるだけ国産農産物にシフトさせて、食料自給率の向上へ導くという因果関係もある。食料自給率が国内消費仕向量に対す

る国内生産量の比率で表される性質のものである以上、消費と生産が相互に関係し合って自給率が決定されるのは、いわば当然のことであろう。食育や食農教育を通じて食生活を改善し、より健全な食パターンと食文化を形成するのは方向としては間違っていない。しかしながら、食育や食農教育は望ましい食生活の方向へ誘導するガイドラインを示すものではあっても、強制力はもたない。消費者に様々な財とサービスに対してアクセスする自由と選択の幅を与え、所得の制約や与えられた様々な財・サービスの価格の条件のもとで、消費者が主体的にそれら財やサービスを適切な形に組み合わせていくのが、自由主義経済システムの根幹である。そのように考えれば、可能なかぎり小売業者を通した消費者や食品企業の実需者のニーズの動きに敏感に対応して、国内で農産物や食品をいかにして増産し消費者へ供給しうるかが、食料自給率の向上にとって最も求められるべき方向といえよう。消費者ニーズの動きに国内生産が機動的に対応できれば、結果として食料自給率は上昇するであろうし、そうでなければ輸入が増加して自給率は低下するであろう。

　本章では、需要の動向と将来見通しを反映した食料供給力の強化こそが自給率向上のためのエントリー・ポイントであることを前提にして、特に自給率の低い土地利用型作物（小麦、大豆、飼料作物など）の供給力を強化していくために、農業生産者はどのような取り組みを行うべきか、その論点を整理することに主眼をおく。第1節では、食料自給率の低下が実需者および消費者の求めるニーズに対する供給側の構造的ミスマッチによるものであることを明らかにする。第2節では、販売農家・集落営農の立場からみた場合の食料供給力を強化していくための方策について整理する。第3節では、食料自給率を向上させる上での要点を整理しまとめに代える。

第1節　食料自給率の低下と農業生産の課題

1．食料自給率の低下とその基本的理由

　食料自給率の算定方法は利用の仕方によって様々であるが[2]、ここではカロリーベース（供給熱量ベース）でみた食料自給率を代表させる。これは、食料の基礎的な栄養価であるエネルギー（カロリー）が国産でどれくらい確保できているかという点に着目しており、また国内の畜産物および加工食品については輸入飼料および輸入食品原料をカロリーに換算して国内生産のカロリーから控除しており、自給率の実態をある程度正確に反映しているからである（食の検定協会、2008）。要するに、熱量供給量がどれほど国産の食料と農産物で充足されているかを判断するのに、最も適切な指標となる。

　カロリーベースの食料自給率は、1980年に53％であったものが、1995年以降はずっと40％前後で推移している。自給率が低迷を続けているということは、単位面積当たりカロリー産出量の大きい穀物（米を除く食用と飼料用の穀物）や油糧種子（大豆など）など土地利用型作物の生産が伸び悩み、また加工食品の原料を輸入に依存し続けているからにほかならない。

　それでは、何故にこれら作物の生産が伸び悩み、加工食品原料を輸入に依存し続けることになったのか。そこには様々な理由が考えられるが、端的にいえば、麦類や大豆、飼料作物などを生産しても、販売農家・集落営農にとっては多くの収益が見込めないからである。しかも、これら作物の生産は政府による交付金の助成がなければ、投入コストを販売額で到底カバーすることができず、経営としてはまったく

成り立たない。例えば、大豆の場合、2008年度の大豆生産費は60kg当たり19,803円である一方で収益は9,549円であり、1万円以上の大幅な赤字であった[3]。この赤字を補てんするために、水田・畑作経営所得安定対策（府県においては水田経営所得安定対策）の中で、「生産不利補正交付金」（「過去の生産実績に基づく交付金（固定払）」）と「毎年の生産量・品質に基づく交付金（成績払）」が支払われた。ただし、交付金の額は、産地や大豆の品種によって大きく異なっている。

２．コメの戸別所得補償モデル対策

　2010年から開始されたコメの戸別所得補償モデル対策は、コメの生産数量目標の範囲内で主食用米の生産を行った販売農家・集落営農を対象に、作付面積10a当たり15,000円を定額部分として交付するとともに、当該年度のコメ販売価格が過去３ヵ年の平均販売価格を下回った場合、10a当たりでその差額を変動部分として支給する仕組みになっている。このモデル対策は、傾向的に販売米価が下がり続けるなかで、コメの販売農家・集落営農に対して経済的損失を最低限に抑えるための経営安定対策といえるが、対象者の加入条件が緩やかなために多くの農家が加入申請した（2010年6月末日現在でおよそ132万戸）。

　農林水産省のホームページ（http://www.maff.go.jp）で発表しているコメ60kg当たり全銘柄平均の相対取引価格（主食用１等、玄米）は、過去３ヵ年で2006年15,203円、2007年14,164円、2008年15,146円であり、３ヵ年平均で14,838円であった。これを10a当たりに換算（10a当たり過去３ヵ年の平均収量は524kg）すれば129,091円となる。これに対して、10a当たりコメ全算入生産費（支払利子・地代を含み副産物価額を除く。農林水産省「農業経営統計調査」のデータによる）は、過

去3ヵ年を平均して143,441円である。単純に計算すれば10a当たり14,350円の赤字であり、赤字損失分がちょうど所得補償の定額部分によって相殺される形となっている。市場価格が低下してもその差額が変動部分で補償されるわけであるから、戸別所得補償モデル対策は、コメ生産農家・集落営農に対する経営安定のための装置という側面がきわめて強い。

しかしながら、こうした対策を講じても利益を産み出さないのであれば、販売単価の高いコメをコストを低減していきながら作り続けるか、水田利活用自給力向上事業により交付金を得て新規需要米（米粉用・飼料用米など、10a当たり80,000円の交付金）、麦、大豆、飼料作物（交付金35,000円）、そば、なたね、加工用米（交付金20,000円）などの生産へ転作もしくは主食用米と転作作物および転作作物同士の組み合わせによる二毛作を図っていくしかない。

これらの転作作物を栽培し生産したとしても、食品加工企業などの実需者が原料として求める加工適性や加工品を購入する小売業者を通した消費者のニーズに合致しなければ、その販売の拡大はきわめてむずかしい。そのニーズとは、高い品質（外観・歩留まり・味覚・安全性など）と安い価格に尽きるであろうし、またロットがまとまっていて年間を通じ安定的に供給されるかどうかも、大きなポイントになる。

3. 農業生産の課題

近年、生産者を取り巻く種々の政策環境が整備されてきたにもかかわらず、麦類や大豆の生産は必ずしも増加しているわけではない。農林水産省が公表している統計データによると、例えば、小麦の収穫量は、2005年の87.5万トンから2007年には91.0万トンへ増加したものの

2009年には67.4万トンへと減少している。また大豆の収穫量は、2005年の22.5万トンから2008年には26.2万トンへ増加したが、2009年には22.7万トンへ減少した。このように生産がなかなか増加の傾向を示していかない理由として、2つのことが考えられる。一つには品質が実需者や小売業者のニーズに合致しないからである。①気象条件などの影響を受けて収量の年次変動が大きく品質（穀物の粒重など）のバラツキが大きいこと、②国産品が品質上特定の用途に限られていること（例えば国産小麦はうどんや素麺などの日本めんに適しているが、パンや中華麺、パスタには不向き）[4]、③もともと国産の小麦や大豆が加工適性をもつように技術改良されずまたその技術開発への着手が遅れたこと、などによるものと考えられる。

　もう一つは、品質に様々な課題を抱えながらも、輸入品と比較して価格が高いからである。例えば、アメリカ産大豆のシカゴ商品取引所での先物相場をみると、2010年の前半期（1月〜6月）でおおよそ1ブッシェル当たり10ドル前後（60kg当たり1,960円程度）の価格帯で推移しているが、同時期の国産大豆の生産者価格は全銘柄平均60kg当たり7,800円前後で推移している[5]。大豆の種類や用途、比較する価格の基準などに大きな違いがあって一概に比較することはできず、またアメリカ産大豆を輸入するとなれば、これにアメリカ国内の流通や輸出のための輸送費、さらに諸手続きの費用が加わるが、それでも国産大豆の価格よりははるかに安いであろう。こうした決定的な価格差を縮小することは容易なことではない。小麦にしても事情は大同小異である。

　しかも、最近では小麦や大豆をはじめ輸入農産物の品質は、栽培技術、収穫後の管理技術、輸送技術および情報技術など一連の技術体系の改善と導入によって、格段に優れてきていると伝えられており[6]、

国内の食品加工企業のなかには、輸入品の安定供給を前提にして生産工程のラインを組んでいるところも多数存在する[7]。

　輸入農産物が、実需者や消費者の意向を酌んだ小売業者のニーズの動きに対応して、高品質でなおかつ安価で安定的に供給されるとなれば、わが国の実需者や小売業者は、いきおい輸入品への依存を深化させていくことになる。逆に、国産の農産物が品質に多かれ少なかれ問題があり、高価でしかもその供給が不安定となれば、実需者や小売業者は国産品から離れていかざるをえない。

第2節　食料供給力の構成要素と強化

1．食料供給力の構成要素

　農林水産省は、2010年3月に閣議決定された『新たな食料・農業・農村基本計画』のなかで、国内農業の食料供給力の構成要素を農地・担い手・技術とし、おおむね10年後に食料自給率50％を達成するために、農地面積を確保し耕地利用率を高めること、効率的かつ安定的な農業経営体が農業生産の相当部分を担うと同時に新規就農者を確保すること、技術開発を進め生産技術体系を確立し普及することが条件としている（農林水産省、2010）。そのために、農業者の努力と国の支援措置が必要としているが、現行でも交付金の助成によりかろうじて所得の実質減少が避けられているのに過ぎないのであるから、主要な担い手と目される認定農業者や集落営農、農業生産法人が、所得増加のためにどのような方向に向けて努力を傾注すべきなのか、また中・長期的な見通しのなかで営農の指針と計画はいかにあるべきなのか、地域や政府は農業生産者や集落営農をどのように支援していくべきな

のか。そうした諸点を明らかにすることが重要である。なお、ここでいう食料供給力とは「平素より農地・農業用水など農業資源の確保、農業担い手の育成・確保、農業技術水準の向上に努めながら、国内の食料生産を維持向上させる潜在力を形成し、また主要な農業経営体が所得向上へとつながるインセンティブを有していること」と定義しておく。

２．食料供給力強化のための方策

食料供給力を強化するために、販売農家・集落営農および産地においてどのような取り組みが必要となるのかについて、考えられる要点を以下に示すことにしよう。ここでは、消費者ニーズに対するきめ細かい対応と新たな市場の創造、加工・流通段階への主体的取り組み、生産者主導による価格形成、生産費の縮減の４つの点について指摘する。

①消費者ニーズへのきめ細かい対応と新たな市場の創造

実需者や小売業者は消費者ニーズに対応するために国産品に対して「安全・安心」を強く求めている[8]。そのためには、生産の段階で低投入型農業の積極的推進やGAP（農業生産工程管理）を通じた生産履歴の開示、生産者や産地の表示による情報アクセスの改善、クレームへの迅速な対処など、顧客への情報提示をこれまで以上に進めていかなければならない。また作柄を安定させるための技術的工夫と生産者段階での在庫調整により、年間を通じた市場への安定供給を図っていかなければならない。実需者および小売業者との安定取引のために、農家や集落営農は必要に応じて実需者や小売業者との間で契約農業や

系列化（インテグレーション農業）を進めていかなければならない。一方、消費者の様々な属性を反映した多様なニーズに対応していくために、外観、鮮度、大きさ、色合い、味覚、用途、包装など品質およびサービスの違いや価格差に基づく商品区分のきめ細かさを表に出して、商品の差別化に基づく新たな市場を創造していくことも重要である。

②加工・流通段階への主体的取り組み

　生産者が原料供給者としての立場にとどまらず、法人化した組織的経営により、多様な消費者ニーズに対応しつつ加工段階にまで踏み込んで、経営内容の幅を広げていくことが必要である。品質差と価格差に基づく加工品のバリエーションを確保していけば、消費者の多様なニーズに応じることが可能となるであろう。加工品には、用いた原料、栄養成分、用途などのきめ細かい情報を提供することも消費者ニーズへの対応である。加工の製造過程では、原料の在庫管理と選別、製造、包装、検査など多くのステップを踏むことが必要となるため、組織的な対応による施設や機械の設置に伴う経費補助金の獲得やその共同利用などが検討されていかなければならない。また農産原料や加工品のデリバリーを円滑なものにしていくために生産者が自らネット販売、宅配などの手段を通じて注文を取りつけ配送して流通経費を削減し、生産者と消費者の双方に利益が配分されていくような方法、言い換えればフェアトレードの仕組みを考慮していかなければならない。加工と流通の生産者自体による内部化は、生産者レベルでの「6次産業化」といえよう。

③生産者主導による価格形成

　農産物の価格は、市場での需給関係によって決定されるために、価格が生産費をカバーしきれず、生産者にとっては持続的な経営が困難になりやすい。前述したように、赤字損失分は交付金によって補てんされる仕組みになっているものの、交付金による助成は生産と経営の維持のためには必要でも、農産物の価格は生産に要した経費を実需者や小売業者を含む流通業者に開示することで生産者が主体的に決めていくことが必要である。また消費者にも、多様なニーズに対応して品質の高い農産物を生産・加工・流通していくために所要の生産費が必要であることの理解を求めていかなければならない。需給関係を考慮しつつも生産費をカバーした適正な価格の形成こそが、生産者の経営の持続と発展を保証するのである。

④生産費の縮減

　価格が生産費をカバーするほどに適正化されたとしても、あまりにも法外に高い価格の設定では顧客が国産品から離れてしまう。一方で生産者は、生産費を縮減するための努力を間断なく行っていかなければならない。可能なかぎり市場での需給関係を反映した価格の水準にまで生産費を縮減していくことが望ましいが、そのためには、新たな導入技術や施設の設置が単位当たり生産物の生産費縮減を可能にするほどまでに、効率的かつ安定的な農業経営体へ農地の利用集積を進めていかなければならない。また、生産と加工・流通の過程を見直して検証し、過剰農産物の生産・流通による資源の無駄遣いを防止しまた未利用・低利用資源の高度利用を通じ経費を抑えるなどして、経営の合理化を推し進めていかなければならない。

第3節　食料自給率の向上へ向けて―まとめに代えて―

　販売農家・集落営農および産地の視点からみて、食料自給率を向上させるためには、食品加工企業の実需者や小売業者を通じた消費者が求める多様なニーズに対応させて、高品質な農産物を安価に供給することに尽きる。農産物の「安全・安心」を基本ラインにして市場での販売を強化するとともに、食品加工と流通の業務を農家・集落営農の経営に内部化して、そこから産み出される付加価値の取り分を大きくする。供給する商品のバリエーションの幅を広げて、消費者の属性を反映して派生する様々なニーズに対応させる。生産履歴、生産者および産地に関する様々な情報を実需者や流通業者および消費者に開示する一方、消費者などからの様々な意見や要望を取り入れて付帯サービスの改善と向上に努める。高品質の農産物を生産し加工・流通するには相応のコストを要することを消費者に対して説明し理解を求めるなかで、生産費をカバーしうる販売価格を生産者自らが主体的に設定する。可能なかぎり、市場での需給関係によって決定する価格に生産費を均衡させることが望ましいが、そのためには効率的かつ安定的な農業経営体に対する農地の利用集積を条件として、そこにコスト節減的な技術を導入し経営の合理化を図る。それでも価格で生産費をカバーしえない分については交付金を助成する。交付金の助成は生産費の縮減に努力している販売農家や集落営農を対象とする。

　このように、高品質な農産物を安価に供給するという二律背反的な目標を同時に達成することは容易なことではないが、当面は高品質の農産物生産に力点を置きつつ、農地の利用集積を進める制度の改正と活用および新たな技術の導入を通じて生産費の節減に努めていくとい

うのが、求めるべき販売農家・集落営農の方向といえよう。

注

1）農林水産省は2010年3月に閣議決定された『新たな食料・農業・農村基本計画』のなかで食料自給率の目標を2020年（平成32年）に50％にするとした。
2）食料自給率の算定方法には、カロリーベースでみた食料自給率のほかに、重量ベースでみた食料自給率（穀物自給率など）および生産額ベースでみた食料自給率がある。ちなみに2008年では、飼料用を含めた穀物の自給率が28％、生産額ベースでみた食料自給率が65％であった（いずれも農林水産省のホームページから出力したデータhttp:www.maff.go.jp:アクセス日2010年8月6日）。
3）「国産大豆の生産コスト」www.jsapa.or.jp/daizu/etc/DaizuCost.pdf:アクセス日2010年8月7日）。
4）（株）IBLC『「我が国における麦類の消費動向と国内での供給態勢」調査報告書』を参照のこと。
5）アメリカ産大豆のシカゴ商品取引所での先物相場は農業情報研究所が発表しているデータ（http://www.juno.dti.ne.jp/~tkitaba/prices/cbot.html:アクセス日2010年8月6日）であり、また国産大豆の生産者価格は、農林水産省統計部『農業物価統計』の月別数値である「農業物価統計調査」の結果資料による概数値（www.maff.go.jp:アクセス日2010年8月6日）に依拠している。
6）大豆問屋業者に対するインタビュー（2009年6月実施）によると、「アメリカなど輸入相手先国では、農場の規模が大きいので、農薬の使用状況（生産履歴）に関する情報が入手しやすく、また日本にいながら栽培地における大豆の生育状況が画像とそれに付せられたコメントとともに送信される」ということであった。情報技術を駆使することにより、農場での栽培過程に関する情報が遠距離操作で入手可能となる典型的な事例といえる。

7）九州にある大豆加工メーカーでの聞き取り調査によると、醤油や味噌の原料大豆は、品質に優れ安価な中国東北部で生産されたものを使用し続けているという。
8）板垣啓四郎「食料自給率向上のために(3) 自由な市場競争への道筋」『新・実学ジャーナル』を参照のこと。

参考文献

［1］板垣啓四郎（2009）「食料自給率向上のために(3) 自由な市場競争への道筋」『新・実学ジャーナル』No.68、学校法人東京農業大学、2009年12月、pp.1-3
［2］（株）IBLC（2009）『「我が国における麦類の消費動向と国内での供給態勢」調査報告書』東京農業大学委託調査、pp.13-23（非刊行物）
［3］食の検定協会（2008）『食の検定 食農2級公式テキストブック』(社)農山漁村文化協会、pp.20-21
［4］農林水産省（2010）『新たな食料・農業・農村基本計画』43p

第2章
国際経済環境と日本農業

金田　憲和

第1節　変わる国際経済環境―成長するアジア―

　本章では、大きく変化しつつある国際経済環境とその中での日本農業の位置および今後の方向について考えてみたい。

　日本を取り巻く国際経済環境は大きな変化のトレンドの中にある。日本経済に与えるインパクトという面で最も大きな変化は、アジア経済の急激な成長、特に中国経済のそれである。中国のGDPは2010年にはついに日本を上回ったが、伊藤（2010）が指摘するように、1990年時点では日本の8分の1、2000年時点では日本の3分の1に過ぎなかった。それが2010年には日本と肩を並べ、この成長ペースが続けば2020年には日本の約3倍の経済規模になると予想される（図1）。

　このことは、地理的に孤立した先進国であるという、国際経済における日本のこれまでの立場がまったく異なるものに変わるという点で、きわめて大きな変化である。これまで、先進国は地理的に欧米に偏って存在しており、アジアでは日本のみが先進国という状況が長く続いた。近年では韓国・台湾などで所得水準が上がったが、これらの国・

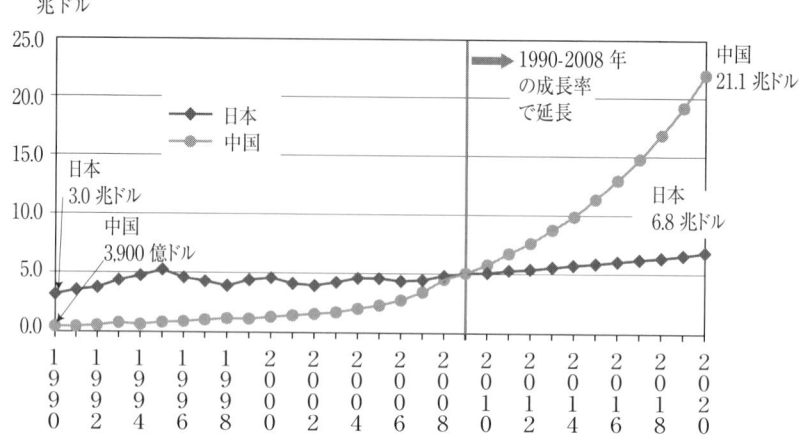

図1　日本と中国の名目GDPの推移と予測

出所：伊藤（2010）図表Ⅱ
注：原資料は、IMF "World Economic Outlook Database 2010" "International Financial Statistics" およびNIRAによる計算。

地域は人口が大きくないので、東アジアにおける日本の経済規模はやはり圧倒的に大きかった。しかし、これからは日本よりも規模の大きな経済大国が日本の近隣に存在するようになる。また、東南アジア地域でも、着実な経済成長が続くと予想される。この結果、今後、日本－アジア諸国間の貿易関係は、必然的に緊密度を増していくと考えられる。国際貿易に関する計量経済モデルの一つであるグラビティ・モデルによって数多く実証されているように、一般に2国間の貿易量はその2国の経済規模と地理的な距離の近さに強く影響されるからである。

　また、経済成長によって中国ほかのアジア諸国の所得水準・賃金水準が上昇することは、現在の日本－アジア諸国間の貿易関係をただ緊

密化させるだけではなく、その構造をも変化させると考えられる。これには2つの側面がある。

　第1は、中国などの低賃金に頼った輸出競争力が失われていくということである。この結果、低賃金な中国から日本へ労働集約財が輸出され、逆に日本から中国へ資本集約財が輸出されるというようなパターンの貿易関係は、日中貿易関係に占める比重を小さくしていくと予想される。

　第2は、アジア地域の消費者が、所得水準向上に伴い、消費財に対してより品質とバラエティを求めるようになるということである。後述するように、このような消費者の嗜好の変化は、2国が同一産業に属する財を双方向に輸出し合う（水平的）産業内貿易を引き起こす。

　問題は、以上のような国際経済環境の変化は、日本農業にどのような影響を与えるか、そして、日本農業はどのような進路を歩むべきかである。これを以下の節で考えていきたい。

第2節　土地賦存と日本農業の競争力

　まず、日本農業の国際競争力を決定する基礎的要因について考えてみたい。一般に、農業の国際競争力を決定づける最も重要な要因は、各国の土地の賦存状況である。農業の基本的特質の一つは土地集約的産業であるということであり、この事実と国際貿易理論におけるヘクシャー・オリーン理論とを併せて考えれば、土地集約的産業である農業の国際競争力は、相対的に土地賦存比率の高い国で強く、相対的に土地賦存比率の低い国で弱いという結論になる[1]。つまり、各国の農業の国際競争力は、その国にそもそも賦存する土地面積によって強く決定づけられる。

表1 主要国とアジア諸国の一人当たりGDPと
一人当たり耕地面積（2005年）

	一人当たりGDP （PPPによるドル表示）	一人当たり耕地面積 (a)
新大陸国		
オーストラリア	31,794	243.0
カナダ	33,375	140.1
アルゼンチン	14,280	78.7
アメリカ合衆国	41,890	58.2
ブラジル	8,402	31.9
ヨーロッパ		
フランス	30,386	30.4
ドイツ	29,461	14.4
イタリア	28,529	13.3
イギリス	33,238	9.5
アジア		
タイ	8,677	23.7
インド	3,452	14.5
中国	6,757	10.4
インドネシア	3,843	10.0
マレーシア	10,882	7.1
日本	31,267	3.4
韓国	22,029	3.4

出所：World Bank "World Development Indicators", FAO"FAOSTAT"より筆者作成。

　表1は、新大陸国、ヨーロッパ、アジアからいくつかの国を選び出して一人当たり耕地面積を比較したものである。「一人当たり耕地面積」の列が、各国に賦存する土地（ここでは耕地）と人口の比率を表している。もし、各国の人口に占める労働力人口の割合が大きく異ならなければ、この値は土地・労働比率に比例するので、各国の農業の国際競争力を規定する土地賦存比率を表すといって良い。

この表からまず分かることは、特に新大陸国と比べて日本の一人当たり耕地の賦存は乏しいということである。このことは、日本農業がそもそもハンディを負っており、競争力が弱いことが宿命づけられていることを意味する。

　その一方で、タイを除く東・東南アジア域内諸国の土地賦存条件の数値は日本と極度にかけ離れているわけではない。このことは、アジア域内の競争であれば、日本の農業にもチャンスがやってくる可能性があることを示唆している。現在は、日本とアジア諸国の間では賃金水準の大きな格差が存在し、日本の高賃金が対アジアの日本農業の競争力を奪っている。しかし日本とアジア諸国の賃金格差は縮まっていくと予想されるので、長期的なタイムスパンでは、対アジアに関する限り、日本農業の競争力は改善されていくと考えられるのである。

第3節　産業内貿易の可能性

　さて、日本農業の国際競争力が少なくとも対アジア諸国では改善されていくとして、では日本とアジア諸国の間の農産物・食料の貿易はどのようになっていくのであろうか。一つ考えられるのは、産業内貿易が拡大するということである。

　日本のこれまでの貿易の基本的構造は、工業製品を輸出し農産物を輸入するというものであるが、このような貿易構造は産業間貿易（inter-industry trade）と呼ばれる。これとは対照的な貿易構造として、産業内貿易（intra-industry trade）がある。これは、ある国が同種の財の輸出と輸入を行うことであり、例えば、日本がドイツに対してトヨタやホンダの自動車を輸出する一方で、ドイツからベンツやBMWなどの自動車を輸入しているような状況をいう。もしわが国が農産物

を輸入するだけでなく農産物の輸出も行うのであれば、やはり産業内貿易ということになる。

このような産業内貿易が生じるメカニズムは経済理論的にも説明されている。理論によれば、産業内貿易の進展のためには製品差別化が重要なファクターであり、そのためには消費者が消費財のバラエティを好むことが必要となる[2]。アジア地域の消費者の所得向上とそれによる嗜好の成熟化はこの後押しとなる。

また、理論によれば貿易を行う国同士で生産要素の賦存比率が似通っていることも、産業内貿易の進展のために重要である[3]。既に述べたように、わが国とアジア諸国はもともと土地賦存条件が似ており、今後、アジア諸国で経済成長によって資本装備率が上昇すれば、要素賦存比率は互いにより近づいてゆくものと考えられるので、この面でも産業内貿易はより促進される可能性がある。

ここで、現実の農業・食料の産業内貿易についてデータから検討してみよう。

産業内貿易の程度を表す指標として、一般に広く用いられているものは、グルーベル・ロイド指数（Grubel-Lloyd index：以下ではGL指数と略す）である。これは、以下の算式によって計算するものである（Grubel and Lloyd（1975））。

$$GL_{ik} = \frac{(X_{ik} + M_{ik}) - |X_{ik} - M_{ik}|}{(X_{ik} + M_{ik})} \times 100 = 1 - \left\{\frac{|X_{ik} - M_{ik}|}{(X_{ik} + M_{ik})}\right\} \times 100$$

ここで、X_{ik}とM_{ik}は、それぞれi国のk産業の輸出額と輸入額を表す。もし、k産業の貿易がすべて一方向の貿易（産業間貿易）であれば、輸出または輸入がゼロになるので、GL指数はゼロになる。一方、k産業の輸出額と輸入額が等しい産業内貿易のケースでは、GL指数は100

表2 アジア・北米・ヨーロッパ諸国における農産物・食料品貿易のGL指数（2007年）

品目コード	品目名	アジア諸国						北米諸国			ヨーロッパ諸国			
		日本	韓国	中国	インドネシア	マレーシア	フィリピン	タイ	アメリカ	カナダ	メキシコ	フランス	ドイツ	イタリア	イギリス
BEC1	食料および飲料	13	38	99	58	66	90	45	90	83	96	87	88	91	60
BEC111	うち原料・産業用	1	0	29	81	22	43	34	57	16	45	40	68	13	64
BEC112	うち原料・家庭用	14	38	50	55	84	50	31	70	95	36	80	53	80	35
BEC121	うち加工品・産業用	14	8	22	25	32	91	72	95	83	28	93	92	53	67
BEC122	うち加工品・家庭用	16	52	52	94	96	71	35	75	96	88	84	98	89	67
HS02	肉類	1	3	65	21	6	11	61	73	59	27	90	96	49	35
HS03	水産物	20	53	84	5	95	52	81	51	63	70	53	52	24	78
HS04	酪農品、卵、蜂蜜	3	6	76	28	61	35	50	84	74	14	68	88	66	60
HS07	食用野菜類	4	39	33	49	38	73	25	69	92	17	89	31	96	17
HS08	食用果実類	8	26	72	78	60	19	68	95	27	53	66	33	82	9
HS09	コーヒー・茶・香辛料等	5	10	13	19	44	1	86	25	38	52	35	72	82	60
HS10	穀物類	0	0	42	4	0	0	15	16	22	14	25	94	41	68
HS11	穀粉・麦芽・顆粉等	31	32	61	17	48	8	58	79	51	17	52	69	94	86
HS12	油糧種子・果実等	6	28	23	33	15	35	19	21	23	8	73	52	43	47
HS13	ガム・樹脂・樹液	21	70	61	70	28	46	55	72	56	85	88	91	99	81
HS15	動物性・植物性油脂類	16	8	8	2	16	38	50	92	69	20	72	62	75	55
HS16	肉・魚調製品	19	45	2	7	65	6	2	52	82	60	75	96	68	28
HS17	砂糖・砂糖菓子	18	53	92	19	53	84	10	69	99	95	78	97	53	60
HS18	ココア・ココア調整品	12	26	82	16	93	26	74	53	93	72	83	95	82	55
HS19	穀物調製品	39	91	65	59	84	71	67	75	92	86	91	74	55	78
HS20	野菜調製品	3	39	10	55	76	34	19	69	89	93	70	71	61	28
HS21	その他の食用調製品	59	83	51	77	92	32	53	81	92	76	93	80	73	75
HS22	飲料・酒類・酢	14	59	98	77	79	89	82	32	44	35	36	92	45	100
HS23	食品産業からの産廃物	7	9	88	44	75	16	87	35	76	18	98	95	36	57

出所：国連comtradeより筆者作成。

となる。このように、GL指数が大きいほど産業内貿易の度合いが大きい。

表2は、日本と他国の農産物・食料品の産業内貿易を比較するためにGL指数を計算したものである[4]。表の最上段の「食料および飲料」の数値を見ると、北米諸国とヨーロッパ諸国では概ねGL指数が高いのに対して、アジア諸国ではそれほど高くないことがわかる。さらに、わが国のGL指数はアジア諸国の中でも極端に低い。ここからわかることは、食料品をほとんど一方的に輸入する現在のわが国の貿易形態は、かなり特異なものであるということである。土地賦存に乏しく地理的にも孤立した先進国であるというこれまでのわが国の特異な立場が、このような貿易構造を成立させる原因になっている。

しかし、アメリカ諸国、ヨーロッパ諸国ではGL指数がかなり高く、農産物・食料品についても産業内貿易はかなり進んでいる。この例からすれば、先進国段階では農産物・食料品も産業内貿易はかなり進展するのが一般的であると考えて良いのではないかと考えられる。わが国はきわめて例外的な状況に置かれてきたということである。

さらに品目分類をより細分化したHS2桁分類の数値（表の中段から下段）を見ると、北米やヨーロッパの先進国では、品目分類を細分化してもGL指数はそれほど低下しないという特徴がある。これは、細かく分類された品目についても同じ国が同時に輸出も輸入も行っていることを意味する。この意味で、これら欧米先進国では農産物・食品の貿易に産業内貿易が深く浸透している。逆にHS2桁分類でのGL指数の数値が低いアジア諸国は産業内貿易の浸透度が未だ低いことを表している。

以上から、現状ではアジア諸国と欧米諸国では農業・食料の貿易構造が異なっていることが分かる。しかし同時に、今後の長期トレンド

としてアジア諸国の経済成長が進めば、アジア域内の農産物貿易構造も欧米諸国のそれと似たものに変化していく可能性が高いと考えられる。

第4節　WTOとEPA/FTA

次に、国際貿易交渉についてみてみよう。

まず、WTOのもとで2000年からドーハ・ラウンド（＝ドーハ開発アジェンダ、DDA）交渉が行われているが、交渉は難航しており、2010年11月現在、決着していない。農業分野の交渉において日本にとって重要なのは、関税削減幅を小さくできる「重要品目」の数（全品目数中の割合）の確保であるが、日本にとっては厳しい状況である。ドーハ・ラウンド交渉が決着し関税が引き下げられれば、農業政策もEU型の直接支払い型の政策へ転換し、規模拡大などによる低コスト化を進める必要があるだろう。

また、2国間や特定地域に限って関税を削減・撤廃することで自由貿易のメリットを得るFTA（自由貿易協定）やそれよりも幅の広い協定であるEPA（経済連携協定）の締結数が近年急激に増加しており、世界には200を超す数の協定がある。日本がこれまでに結んだEPAは11にとどまっているが、これに対して、より積極的に多くの国と交渉を進めるべきであるとの声も強い。また、日本政府がEPA/FTA交渉を積極的に進められない原因は国内農業保護を重視しすぎるためであるとして、国内農業を批判する意見もある。確かに、現状では日本農業は競争力が弱いために、EPA/FTA交渉でも難しい立場にある。これまで日本は東南アジア諸国や中南米諸国とEPAを締結してきたが、この際も重要な農産品を関税撤廃の例外扱いにしてきた。

前節で述べたように、対アジアで見た場合、今後の長期トレンドとして日本農業の競争力の弱さは解消してゆくものと考えられる。その一方で、アメリカ、オーストラリアなど土地賦存条件で日本よりも有利な国に対しては、競争力の格差は解消されることはない。この点で、日本政府が関係国との協議を開始することになったTPP（環太平洋経済連携協定）については、全ての品目の関税を撤廃することが見込まれており、また、アメリカ、オーストラリアといった土地賦存条件が日本とは大きく異なる国が交渉に参加しているという点でハードルが高い。日本がTPPに参加するかどうかの結論は先送りされているが、アメリカやオーストラリアなどとの競争条件差を十分に埋められるような恒常的な政策措置を確立できなければ参加はむずかしいであろう。

貿易自由化は産業全体に対して貿易の利益を生む。しかし、国全体としての経済上・外交上の国益を考慮する際に、食料自給力低下による食料安全保障上のリスクや農業の多面的機能の喪失などの問題も同時に考慮しなければならない。今後のEPA/FTA交渉でも、慎重な交渉が必要である。

第5節　どのような方向性が必要か

さて、以上の国際経済環境とその中での日本農業のポジションの検討から、今後の日本農業の方向性について考えてみたい。

まず、中国を中心とするアジア経済の急成長という新しい国際経済環境が形成されている。これに伴い、農業部門でも中国などの相対的低賃金による強い競争力が弱まることで日本農業との競争力の差が埋められるとともに、差別化された高品質の食品への需要が高まるであろうことは日本農業にはチャンスと考えられる。

単に国内の農産物需要を輸入品から国産品へと取り戻すだけでなく、農業・食料品分野での産業内貿易の拡大をにらみ、日本産農産物の輸出を促進することが重要になる。実際、農林水産省では農産物の輸出促進に取り組んでいるが、この取り組みを今後も継続・強化することが重要である。特に、政府の役割としては、検疫条件などの輸入国側が設定する輸入ルールの簡素化に向けて外国政府と交渉を行っていくことが必要である[5]。また、ブランドなどの知的財産を不当に侵害されないように対策を講じていくことも重要となる。

WTOやFTAなどの貿易交渉についても、国内農業への影響を見極めながら慎重に交渉を進める必要がある。TPPのような農業を例外としない協定の場合、相手国との農業競争条件の差を十分に埋められるような恒常的な政策措置を確立できなければ参加はむずかしいであろう。

国内農業政策について言えば、こうした国際環境に対応するために、一つは大規模化によるコスト低減を進める努力が必要である。すでにリタイアする高齢農家の農地が大規模農家・経営体に集積し始めているが、これを後押しする構造政策が必要であろう。また、農業政策体系も消費者負担型の価格支持政策から納税者負担型の直接支払政策へというEUと同様の市場メカニズムを重視した改革の方向性が必要であろう。同時に、農業のみならず他産業も含めた地域振興政策が重要となるであろう。

注
1）ヘクシャー・オリーン理論は、国際分業が発生する理由を説明する古典的な理論の一つであり、国同士の生産要素賦存比率の格差によって各国における各産業の比較優位が生じる。

2）Krugman（1979）による、バラエティ愛好（love of variety）という考え方である。
3）Helpman & Krugman（1985）。
4）東アジア地域とヨーロッパ地域の農業・食品の産業内貿易のより詳しい分析は、金田（2008）や金田（2009）を参照のこと。
5）例えば、農林水産省大臣官房国際部（2010）のp.8にまとめられているように、現状では日本から中国へ輸出できる品目はごく少ない。

参考文献

［1］伊藤元重（2010）「東アジア共同体について考える」『東アジアの地域連携を強化する』NIRA研究報告書、pp.1-17（http://www.nira.or.jp/pdf/1001_2report.pdf）

［2］金田憲和（2008）「東アジア域内における食料の産業内貿易―加工度・用途別の分析―」『2008年度日本農業経済学会論文集』、pp.534-541

［3］金田憲和（2009）「ヨーロッパ域内における食料品の産業内貿易―EU15のデータによる分析―」『農村研究』第109号、pp.14-25

［4］農林水産省大臣官房国際部（2010）『農林水産物・食品の輸出促進対策の概要』（http://www.maff.go.jp/j/export/e_intro/pdf/taisaku.pdf）

［5］Grubel, H. G. & P. J. Lloyd（1975）, Intra-Industry Trade, Macmillan

［6］Helpman, E. & P. R. Krugman（1985）, Market Structure and Foreign Trade, MIT press

［7］Krugman P. R.（1979）, "Increasing Returns, Monopolistic Competition and International Trade," Journal of International Economics, Vol.9, pp.469-479

第3章
「食料自給率」の縁辺

杉原　たまえ

第1節　食料自給率の視座

「食料需給表」に記載されている「自給率」には、個々の品目の自給程度を量的に測る「品目別自給率」「穀物自給率」や、食料を熱量に換算して測る「供給熱量総合自給率（以下、カロリーベース自給率）」、生産活動を金額で測る「生産額ベース総合食料自給率（以下、金額ベース自給率）」がある。それぞれ、農産物の品目ごとの供給の安定性や、食料の安全保障、国産農産物の金額ベースのシェアなどを測るために使われる。一般には食料自給率＝カロリーベース自給率として理解されることが多く、「有事の際…」「不測の事態に備えて…」など食料安全保障のための指標として用いられている[1]。算出方法は**表1**の通りである。

　多くの場面で用いられるカロリーベースの自給率の算出方法については、すでに矛盾や限界点が指摘されている（森田倫子、2006）。たとえば次のような課題がある。①カロリーベース自給率では、穀類・畜産物に比べると野菜やお茶などはカロリーが低いため、寄与率の評

表1　各種自給率の計算方法

$$品目別自給率 = \frac{各品目の国内生産量}{各品目の国内消費仕向量} \times 100 \text{（重量ベース）}$$

$$国内消費仕向量 = 国内生産量 + 輸入量 - 輸出量 - 在庫の増減量$$

$$穀物自給率 = \frac{穀物の国内生産量}{穀物の国内消費仕向量} \times 100 \text{（重量ベース）}$$

$$供給熱量総合食料自給率 = \frac{食料の国産供給熱量}{食料の国内総供給熱量} \times 100 \text{（熱量ベース）}$$

$$生産額ベース総合食料自給率 = \frac{食料の国内生産額}{食料の国内消費仕向額} \times 100 \text{（生産額ベース）}$$

農林水産省「食料需給表」（平成20年度）「自給率の計算方法」より作成

価は低くならざるを得ない。②農産物輸出について、各計算式では分母では輸出分を除外するが、分子ではこれを内数とするために、国産品のシェアが高まらないまま、計算上だけ食料自給率が上昇することになる。③途上国にみられるように、食料輸入が経済的に困難ゆえに輸入ができない最貧国では、結果的に自給率が高く算定されている。④算出された供給量や供給カロリーは、消費者に仕向けられたものであり、国民が実際に摂取した食料の数量やカロリーとのズレがある、などである。

　本章では、多用されるカロリーベースの自給率の縁辺部にある課題として、「食料依存率」、「雑穀」、「花卉」、「自給地」について考察してみたい。食料安全保障から食料自給率を追求した時に確保される権利の裏側にある国の存在を「食料依存率」で、カロリーベースでも金額ベースでも寄与していない雑なる穀物としての「雑穀」や、食料ではないが農産物自給率として捉えた時に欠かせない「花卉」の存在について概観したい。また、自給率を県別に表示する際の自給地の評価についても触れたい。

第2節 自給率の縁辺

1．自給率から食料依存率へ

　「飛行機に乗ると飛行距離に応じてマイルが貯まる！」いつの間にか貯まったマイルをみると何か得した気分になる。同様に、海外から運ばれ私たちの口に入る食料にも、「フード・マイレージ」という指標がある。イギリスの「フードマイルズ運動」を模し、食料の量に輸送距離をかけあわせた指標である[2]。中田哲也の試算によれば（中田哲也、2005）、2001年の日本の食料輸入総量は約5,800万トンであり、これに輸送距離を乗じたフード・マイレージは約9,000億トン・kmとなる。この値は、日本と同様食料輸入量の多い韓国やアメリカの約3倍、イギリス・ドイツの約5倍、フランスの約9倍に相当する。私たちの口に入る輸入食料は、量の多さもさることながらずいぶん遠くから運ばれていることがわかる。さらに、中田哲也の試算では、海外からの食料を輸入する際、船舶輸送によって排出される二酸化炭素量は約1,700万トンであり、国内の食料輸送時の900万トンと比べて倍近い排出量となっている。地球環境に多大な負荷をかけながら私たちの「豊かな」食生活が成立しているのである。

　全国3,000人を対象に2006年に行った内閣府の調査では、食料自給率が40％であることについて、70.1％の人が「低い」とし、日本の将来の食料供給について「不安がある」とした人は76.7％にのぼった（内閣府政府広報室、2006）。世界でもまれにみる豊かな食生活を謳歌する日本であるが、その「豊かさ」を維持するためには、輸入農産物の生産に農地が約1,200万ha必要とされる。これは日本の農地面積の

約2.5倍に相当する。つまり海外の土地に日本の食は依存しているのである[3]。そうした現実を知れば、食料供給への不安は将来への漠たるものでなく、すでに不安のただ中にいるはずである。

1993年、作況指数が74となり、「平成の米騒動」がおきた。この騒動の原因は、梅雨時の長雨と日照不足による大冷害である。政府は、260万トンにのぼるコメの輸入措置をおこなった。そのため、当時コメの国際価格は精米1トン当たり200ドル以下と低迷していたが、日本の緊急輸入により国際価格は、1994年2月には390ドルまで上昇した（伊藤正一、2010、p.18）。日本政府が、当時の世界のコメの輸出量1,400万トンの2割弱を輸入したためである（FAOSTAT、1994）。輸入先は、タイ、中国、アメリカであったが、タイ国内で最高級とされる香米などは、食味の違いから日本国内では捨てられる事態も生じた。まれにみる大冷害のもとでとった政府の行動は、「国民の食料安全保障」を目的としたものであった。しかし、緊急輸入の波紋は、コメの国際価格を高騰させ、セネガルやフィリピンなどコメ輸入が欠かせない途上国に飢餓を発生させたとまで指摘されている。

さらに、9億2,500万人の飢餓人口がいる世界[4]から、日本は圧倒的優位な経済力によって食料を買いあさりながら、その一方で日本国内では大量の食料廃棄物を出している。年間食品廃棄物2,200万トン（うち家庭由来は1,300万トン）のうち80％が焼却・埋め立てで処理され、バイオマス再生利用率は16％にとどまっている。このような買いあさりと無自覚なムダ使いは、食料・環境問題としてのみならず、人権問題としても考慮すべき課題である。

新農業基本法第19条では、「不測時における食料安全保障」が掲げられている。しばしば自給率の議論に引き合いに出される「食料安全保障（food security）」は、国産・輸入・備蓄を組み合わせた「安定

供給」が第一義であり、必ずしも「全量国産」であることが本来希求されていない。一方、基本的人権と関連付けて、「食料主権」という概念がある。この「食料主権」とは、1996年のFAOの世界食料サミットにおいて、途上国の農民組織ビア・カペンジーナ（農民の道）が、世界の飢餓人口の半減を目指して提起した、基本的人権と国家主権を関わらせた食料の捉え方である。田代洋一は、「いついかなる時でも、いかなる国の人々も、食料を確保する権利をもつこと」が「食料主権」（food sovereignty）であるとし（田代洋一、2009）、「基本的人権としての食料は、『食料主権』が保障される仕組みのもとでのみ実現可能だ。『食料主権』とは、各国の文化と食料生産の多様性を尊重しながら、国内に必要な基本的食料を生産できる能力を育て、その基本的食料を維持する権利である。これは国家政府に保証されるべき基本的人権である」としている（真嶋良孝、2009）。

　以上のように、自国の自給率を高めようとしながら、途上国の貧困深化に知らぬうちに負の貢献をしてきた部分は否めない。そうした「自給率」の紛らわしさや冒頭の算定方法の曖昧さを拭うために、ジェームス R. シンプソンが提起するような、「食料依存率（food dependency）」の方が、実態をより正確に把握しやすいであろう（ジェームス・R・シンプソン、2002）。

2．「雑穀」という農産物

　雑なる穀類と書いて雑穀。その名の通り、白米の「オトコ飯」に対して、稗飯を「オンナ飯」と言い、白米の「白餅」に対して雑穀の「ボロモチ」といった呼称も存在するほど、白米の優位性と雑穀の劣位性は、一対となって存在した。自給率を問題にする際、カロリーベース

でも、金額ベースでも対象にされない作物である。

　現在、雑穀の国内生産量は岩手県が一番多い。岩手県は、水稲の平均反収が160kgに満たなかった明治26～30年代、畑の耕作面積の５割を雑穀の作付けに割いていた。昭和26～30年代になり、耐寒性・高収量品種が導入され岩手県の水稲の平均反収は340kgと倍増したものの、畑の４分の１を雑穀生産にあてており、今なお岩手県の雑穀生産量は全国の６割を占めている。米の収量が上がる一方で雑穀生産が減退していかない要因として、東北地方を襲った度重なる冷害[5]ややませの存在が考えられる。雑穀は、過酷な自然条件のもとで人々の生存を保障する「生存資源」であり、市場で価値づけられない機能を有していたのである。

　東北地方では、縄文時代にはすでにヒエを栽培していたと考えられている。農書である『軽邑耕作鈔』には、江戸時代にはヒエやアワは日常食であると記載されている。『岩手の農業の歴史』（田中喜多見著）によると、南部藩内ではヒエは94品種、アワは380品種、キビは21品種に上る作付けが記録されている。伝統的な雑穀の栽培法は、ヒエ－コムギ－ダイズの二年三毛作である。人・馬・ヒエが三位一体となった東北地方の代表的な輪作農法で、この輪作方式は他に類を見ない土地利用率の高さが特徴である（『転作全書』、2001）。

　雑穀栽培のピークは明治時代で、昭和30年代以降、タバコ・ホップなどの商品作物の導入、灌漑施設の整備と開田ブーム、馬産の衰退などにより、雑穀栽培は衰退していった（岩手県農業研究センター県北農業研究所、2009）。統計書でも、雑穀の品種別の記載が消えアワ・ヒエ・キビ・モロコシが「雑穀」として総称されるようになったが、その「雑穀」さえも『作物統計』に記載されているのは1969年までである。

しかし近年、雑穀は再認識されている。これまでは、荒れ地や痩せ地でも栽培可能であり、耐寒性・貯蔵性に優れていることから生存資源として、また伝統行事用の祭祀資源としてもっぱら生活のなかで有用性を発揮していたが、近年は転作作物としてだけでなく、機能性食品としての商品需要が高まっている。近年の消費者の高い関心は、「雑穀ブーム」ともいえる。しかし、雑穀の自給率は9％程度で、輸入量は12,382トンにのぼる（『外国貿易概況、各年）。食の安全性の面から、国内の雑穀への需要はますます高まっており、自給率の向上がもとめられている。

3．「花卉」という農産物

花卉は、可食部分もあるが大半の用途が装飾用であり、食料でないために自給率の対象からは外されている。「花き産業振興方針」によれば、花卉の作付面積は、全耕地面積の0.8％（3万6,000ha）にすぎないが、花卉生産者は全農業従事者の7％（24万6,000人）、農業産出額の6％（4,800億円）を占め、基幹従事者も若く高収益の部門である。関税がほぼかからない状況の中でも、我が国の花卉産出額は、1990年代前半まで世界第1位であり、現在でも第3位を維持しているきわめて自給率の高い農産物である。

我が国の園芸文化は、江戸時代以来世界的にも高い技術水準にありながら、食糧でないが故に農業分野の縁辺に位置してきた。管轄する農林水産省の果樹花き課のなかに「花き対策室」が設置されたのは、1990年開催の国際花と緑の博覧会の開催を目前にした1988年であった。それまで主要花卉しかなかった統計が、全県の花卉統計としてようやく整い始めたのもこのころからである。

2007年の花卉類の輸入額は566億円であり、国内仕向けの11％を占めている。消費量が多い三大花の一つであるバラは、鮮度保持剤の開発が遅れていたため比較的近年まで自給率100％を保持していた。しかし現在は、仮に100本のバラの花束を作るとしたら、約15本が輸入の切りバラであるといわれる。日本のバラ市場規模の約268億円のうち、6～7％が輸入品である。日本市場を農産物輸出のターゲットにしている韓国のバラ産はこの数年で品質も格段に良くなった。高原地帯で国策として取り組んでいるインド、大輪のバラを産する世界最大のバラ輸出国コロンビア、品質は劣るものの価格が安いベトナム産、オランダ経由で輸入されるケニア産やジンバブエ産のアフリカのバラなど、日本のバラ市場を、近年は途上国産が席巻している。母の日の特需には、コロンビアやケニア、中国などからのカーネーションをかき集める。神事に欠かせないサカキやヒサカキは中国から年間約9億7,000万本を輸入し、輸入花卉総量の51％（輸入品目1位）を占めている[6]。

　父母への感謝に贈り、神への祈りに供え、心託す花が、自分の生活圏とはかけ離れた途上国から輸入された花々であることは消費者にあまり知られていない。花卉の場合、同じ農産物でも食料と異なり、原産地表示の義務付けはなく、安心・安全性についても消費者から厳しく問われることはこれまでなかった。むしろ、花卉という農産物は、外観が重視されるために農薬が多投されてきた。

　花の王国オランダでは、花卉生産の7割（約6,000ha）がガラス温室でおこなわれ、高品質の花が周年生産されている。平均賃金の高い労働コストを節約する省力化と、狭い国土ゆえの集約化が、花卉の養液栽培技術を高度に展開せしめた。しかし、環境への配慮から、培養液や農薬廃液はすでに地下に排出できないようなClosed Cultivation Systemが法的に定められるようになり、資本と技術をパッケージに

してケニアなどの途上国へと生産の拠点を一部移転した。そのため、ケニアのナクル湖は、輸出用バラ生産のために水質汚染が進行し、水面を一面ピンク色に染めていたフラミンゴの飛来数が一時期めっきり減少した。一見、これらのオランダ国内の環境問題とケニアの外貨獲得のための花卉生産との関係はないように思われるが、オランダ国内での環境法を新たに適用する際、環境法が未整備の途上国へ生産を移転したために、途上国内に新たな環境・経済問題を引き起こしてきたのである。これを促しているのが、途上国での低賃金・低地代を利用した生産である。しかし、環境に配慮した生産が地球規模の課題となる中で、オランダは花き産業総合認証プログラム（MPS）という国際認証を策定し、世界規模で普及させている。

　2010年に閣議決定した「食料・農業・農村基本計画」の中では、農業所得の増大や農地の有効利用という面で、収益性の高い花卉部門が注目され、生産者と販売者の連携を通じて輸入品に対する競争力の強化が謳われるようになった。つまり、日本農業の重点政策分野として、非可食作物である花卉が含まれるようになったのである。

４．非農地としての自給地

　農林水産省は、都道府県別の自給率（カロリーおよび生産額ベース）を算定している。2008年のカロリーベースの自給率の全国値が41％の時、都道府県別食料自給率は29道県で自給率が上昇、3県で自給率が低下、15都府県で前年同であった。一方、同年の生産額ベースの自給率が、全国値が65％の時、10都道県で自給率が上昇する一方、27県で自給率が低下、10府県で前年同であった。この、都道府県別自給率は、農林水産省が食料自給率目標の達成に向けて、地域段階における取組

の推進に資することを目的として試算されている。

　沖縄県を事例にとってみよう。沖縄県の食料自給率は、カロリーベースで33％、生産額ベースで56％（2007年度確定値）であり、全国の40％、66％と比べて低いとされている。しかし、離島などでは山や地先海などの共有資源管理のもとで、今日もなお日常的に多様な生物資源を利用しており、沖縄県のこの食料自給率の数値自体が生活実感からすれば低い評価と言わざるをえない。それは、この都道府県別食料自給率には、家庭菜園などで栽培される自給分は計上されないことに一因がある。橋口幸紘が指摘するように（橋口幸紘、2005）、島嶼部のような限定された空間では、この家庭菜園での自給分の数値を考慮することは、より重要なことである。

　さらに、この自給地からは多くの資源が特産品化されている。近年、島嶼地域の発展の契機として、在来的な資源を全国市場に商品として流通させる試みが、沖縄県庁やJA、普及所などが中心となって積極的に取り組まれている（杉原たまえ、2008）。

　沖縄県宮古島には、「かふつ」と称する自給用の土地がある。屋敷地に付随しており、少量ではあるが、生物多様性に満ちた多様な資源が保全・利用されてきた。気候上の制約条件がありながら、多様な資源を分散させながら栽培しつつ、生活の身近なところで資源を確保するという点で、松井健は「在地リスク回避」を備えていると特徴づけている（松井健、2004）。また、この「かふつ」で栽培される資源（作物・家畜・薬草・繊維・染料・建材など）は、個別世帯の自給物となるだけでなく、お裾分けという互酬慣行によって、地域の食料自給をも担っている（杉原たまえ、2010）。こうした地域資源が生存資源として保全・利用されてきた「場」や慣行の機能を、農林水産省が自給率向上の一手段として取り組んでいる地産地消の一構成要素として評

価し、地域の食料自給力を問い直すことがもとめられているのではないか。

第3節　自給力の向上にむけて

　労働市場での労働力の分類として、「基幹労働力」と「縁辺労働力」がある。「縁辺労働力」とは、基幹労働力としての男性に対して、フリーター、派遣、女性、障害者、外国人労働者を総称する言葉である。この縁辺労働力を基幹労働者との相対的な関係で位置づけることなく、また労働市場から排除したり周辺化したりすることなく、労働市場に包摂・活用することで、労働市場の活性化が図られる。

　同様に、自給率向上を考える際に、上記のような縁辺化されてきた課題を盛り込み、相対的なものとして算出される食料自給率ではなく、絶対的な数値を掲げた農業生産目標が必要であろう。

注
1）「不測の事態」とは天候や災害による食料供給力の低下を意味し、「有事の際」とは戦争勃発により海外からの日本への食料供給が途絶えるという政治的な意味をもつことが多い。
2）ここでいう「食料」の中には、油糧種子や飼料用穀物は含まない。輸送手段は船舶による海上輸送と仮定されている。
3）日本の人口は世界人口の2％（2004年）しかないが、世界の農産物輸入のシェア（金額ベース）はその約5倍の9.8％を占めている。とくにとうもろこしや肉類などは、世界の農産物輸入量の約4分の1を日本が輸入しており、1984年以降、世界第1位の農産物純輸入国となっている（『海外食料需給レポート2005』農林水産省）。
4）飢餓と栄養不良が、毎年600万の子どもの命を奪っている。この数は、

ざっと日本の幼稚園児の数に匹敵するという。その多くは、もし、栄養が十分にいきわたっていれば、治癒したであろう病が原因である（FAO, *The State of food insecurity in the World 2004,* FAO日本事務所 http://www.fao.or.jp/）。

5）明治時代の三大冷害（1902、1905、1913年）では全国的にも水稲の収穫量は減少し、岩手県においては前年比で約7割減の年もあった。昭和に入ると1980、1981、1982年と連続して冷害が起こり、1993年に再び大冷害が起きた。

6）日本の中山間地でサカキやヒサカキを採取する高齢者が不足する担い手不足が、中国から輸入を増大させている。数値は2004年時点（「輸入切花類品目別輸入数量」『農林水産省植物防疫統計』2005年）。

参考文献

［1］伊東正一（2010）「自給率と食料安全保障の混同」『農林金融』p.18
［2］岩手県農業研究センター県北農業研究所（2009）「岩手県における雑穀品種選定試験の歩みと品種育成」『特産種苗』
［3］FAOSTAT、1994年
［4］「外国貿易概況」各年
［5］花き産業振興方針検討会（2009）「花き産業振興方針」（中間とりまとめ）農林水産省
［6］ジェームス・R. シンプソン（2002）『アメリカ人研究者の警告』家の光協会
［7］杉原たまえ（2008）「沖縄型生物資源開発と島嶼型資源管理」『開発学研究』第19巻
［8］杉原たまえ（2010）「宮古島の「かふつ」における生存資源の栽培と利用」『農学集報』第55号第3号
［9］田代洋一（2009）『食料自給率を考える』筑波書房ブックレット
［10］『転作全書　3雑穀』（2001）農山漁村文化協会、p.565
［11］内閣府政府広報室（2006）「食料の供給に関する特別世論調査の概要」

［12］中田哲也（2005）（農林水産省関東農政局消費生活課長）「フード・マイレージと地産地消」『農林統計調査』2005年2月、p.5
［13］農林水産省「都道府県　農業基礎統計」より
［14］農林水産省（2010）「食料・農業・農村基本計画」
［15］農林水産省「都道府県別自給率について」http://www.maff.go.jp/j/zyukyu/zikyu_ritu/zikyu_10.html
［16］農林水産省「平成19年度（換算値）、平成18年度（確定値）の都道府県別食料自給率」（http://www.maff.go.jp/j/zyukyu/zikyu_ritu/pdf/ws.pdf）
［17］橋口幸紘（2005）「島嶼に求められる『食料自給能力』についての考察」『島嶼研究』第5号
［18］真嶋良孝（2009）『いまこそ、日本でも食糧主権の確立を！改訂版』本泉社
［19］松井健（2004）「離島・農村社会の在地リスク回避と開発」『沖縄列島　シマの自然と伝統のゆくえ』東京大学出版会
［20］森田倫子（2006）「食料自給率問題―数値向上に向けた施策と課題―」『調査と情報―ISSUE BRIEF―』No.546、国立国会図書館

第4章
土地利用型農業と自給力の向上

井形　雅代

はじめに

　米、麦・大豆などの畑作物、飼料作物等を生産する土地利用型農業は、我が国全域にわたって営まれている[1]。土地利用型農業によって生産される「土地利用型作物」は多種多様であり、いうまでもなく、農地利用という視点からきわめて重要な地位にある。例えば、2009年産の作付面積は、水稲の162万ha、小麦・大麦（二条大麦と六条大麦）・裸麦合計27万ha、大豆15万ha、ばれいしょ（春植え）8万ha、かんしょ4万haなどとなっており、これらに露地野菜、工芸作物であるてんさいやさとうきび等、さらには飼料作物等を加えると、我が国の耕地面積の相当部分を占めることになる。

　一方、食生活の観点からも、これらの品目は重要である。2008年度では、米は1人1日当たり供給熱量の23.3％、小麦は12.6％を占めている。また、日本型食生活には欠かせない様々な加工食品の原料として麦や大豆はきわめて重要であり、ビタミンやミネラルなどを供給する野菜も食生活に欠かすことはできない。主として施設利用型農業で

生産される嗜好性の強い農産物や花卉などとは性格を異にし、日本人の食生活の根幹を支えている。

ところが、特殊な状況下におかれている米を除いてはこれらの品目の自給率はかなり低く、2008年度の小麦の自給率は14%、大豆は6%などとなっている（いずれも重量ベース）[2]。

本章では、土地利用型農業のおかれている現状を生産、消費、政策の動向を踏まえたうえで、いくつかの事例をもとに、土地利用型作物の自給力向上に向けた地域農業のあり方を検討する。

なお、前述のように、「土地利用型農業」や「土地利用型作物」を広くとらえれば、多様な作物、多様な経営類型が含まれてしまうため、ここでは紙幅の制約から、水田農業と畑作農業についての検討に限定する。

第1節　土地利用型作物の動向

土地利用型農業は生産基盤の脆弱化が進展し、作付面積、農家数、生産量ともおしなべて減少傾向にある。

米に関しては、2009年産の生産量は847万トン、作付面積は162万haで、生産量については豊凶による増減等がみられるものの、ここ30年余り減少傾向が続いているが、10a当たり収量は500kg前後で増加する傾向にある[3]。このことは、品種の開発や生産基盤の整備など、自給力の向上につながる要因とみることができる反面、生産性の低い中山間地域での稲作の生産が縮小したとみることもできる。

一方、消費の動向をみると、米の自給率は95%と依然として高い水準となっているものの、1人1年当たりの米の消費量は2008年には59.0kgとなり、ピーク時から半減している。朝食摂取キャンペーンを

はじめとして様々な啓発活動が行われているが、国民の「米食離れ」を食い止めることは困難であり、主食用以外にも米の需要の拡大が図られている。なかでも米粉は、近年、安価で質の高い製粉機の開発や加工技術の進展によって、加工と利用が可能となった。米粉用米の安定的生産は主食用米の需給調整や休耕水田の活用方法としても期待され、パン、めんなど、主に小麦粉の代替品としての需要が見込まれている。実際に、2009年産の米粉用米の作付面積は2008年産の20倍以上となった。

農林水産省による2020年の米の生産数量目標は、主食用米855万トンで、1人1年当たりの消費量の向上は目指すとしながらも、高齢化の進展等によって全体の消費量は減少すると予測され、生産量は現在よりも低い水準に抑えられている。これに対し、米粉用米の生産数量目標は50万トン（2008年産の500倍）、また、食料ではないが飼料用米も同じく70万トンとしている[4]。

小麦に関しては、転作の影響を受け一時期よりは作付面積が拡大し、2009年産の作付面積は21万haで、ここ数年ほぼ同水準で推移している。しかし、生産量は67万トンで、2008年の88万トンから大きく落ち込んだ。小麦は気候の影響を受けやすく、また、10a当たり収量の伸びも停滞しており、600万トン余りの年間需要に対し、自給率は14％でしかない。その大きな原因は、パンや中華めんなどに適しているといわれるASW（Australian Standard White）と日本の大部分の小麦の品種とのタンパク質含有量の違いにある。小麦は米とは異なり、家庭用の消費はわずか4％しかない。業務用としては、日本めん用の需要量に対する国産小麦のシェアは7割程度であるのに対し、パン用・中華めん用の需要量に対する国産小麦のシェアはそれぞれ1％程度であり、小麦には加工適性の強化が望まれる。

大豆に関しては、2009年産の作付面積は15万ha、生産量は26万トンとなっているが、それぞれ若干の増減はあるものの、近年はほぼ同水準で推移している。大豆の国内需要は油糧用が7割程度を占めるが、国産原料はほとんど利用されない。国産品が利用されるのは豆腐、惣菜などの食料品用となっている。ここにも品質上の課題があり、単収や作柄の不安定さも加わって実需者が利用しにくいことが指摘されている。これに対して、2020年には大豆の生産数量目標を60万トンに設定し、食用大豆、特に豆腐への供給力の拡大や湿害を回避し、単収・品質の向上を目指す技術の開発（大豆300A技術）などが課題となっている。

第2節　近年の土地利用型農業政策と国が目指す土地利用型農業の姿

1．経営所得安定対策から戸別所得補償制度へ

　土地利用型農業はこれまでも農業政策の中心におかれてきた。特に米は、食糧管理法によって長期間価格が支えられてきたが、1995年の食糧法（主要食糧の需給及び価格の安定に関する法律）の施行にともない米政策が大きく転換した。経営政策においても、2007年に品目横断的経営安定対策（のちに水田・畑作経営所得安定対策）がスタートしたが、この成否が十分に検証される前に、政権交代によって戸別所得補償方式が導入されることとなった。

　水田・畑作経営所得安定対策は、米をはじめ、麦、大豆、てんさい、でんぷん原料用ばれいしょの生産者について品目ごとではなく経営体単位に支援しようとするもので、認定農業者と集落営農組織が一定の規模要件を満たせば（実際には特例も設置されている）加入すること

ができる。支援は、外国産との条件格差の是正と収入減少の緩和の2つの側面から構成されており、政策の集中によって「担い手」中心の構造をつくることを最大の目的としている。

　一方、2011年度からの本格的な導入を目指し、2010年度から戸別所得補償制度のモデル対策が実施された。主食用米の生産を行う農家（集落営農も含む）に対しては、生産数量目標に即した生産を行った場合に、標準的な生産費用と販売価格との差を全国一律単価として交付するものである。また、小麦、大豆、主食用以外の米の生産に対しても、水田利活用自給力向上事業によって主食用米並みの所得を補償しようというものである。簡単にいえば、所得安定対策は担い手への政策の集中・担い手中心の農業の確立を目指したのに対し、戸別所得補償方式では、地域生活や環境を守りながら農家に農業を続けてもらう、「多種多様な農業を認める」ことなどがポイントとなる。

　このような短期間における政策の転換は実務者や研究者の間でも様々な議論となっている[5]。米においては、2009年産から米価が急激に下落し、2010年産米においては所得が補償されることも織り込まれたためか、下落傾向に歯止めはかからない。所得補償の財源の不安もささやかれる中では、経営政策としては自給力向上のための支援とはほど遠い混乱の中にあるといえる。

2．政策が目指す土地利用型農業の姿

　2010年3月20日に閣議決定された食料・農業・農村基本計画（以下、基本計画）には、これからの農業の姿が示されている。特に、水田・畑作においては、遊休農地を有効利用することによる飼料用米、大豆などの生産拡大が明記されている。また、平成32年における「農業構

<経営発展のイメージ>

関東以西販売農家（2年3作）

【経営概況】　経営耕地　4.2ha
水稲　2.8ha（早期）　小麦　1.4ha（転作）
大豆　1.4ha（転作）
　　　　　　作付延べ面積　5.6ha

【経営収支】
　農業粗収益　　　　　520万円
　（うち助成金等　　　 49万円）
　農業経営費　　　　　320万円
　農業所得　　　　　　200万円

【労働時間】　　500時間/人
【従事者数】　　　家族2人

※　助成金等には、産地確立交付金を含む。

→ 1年2作で作付を拡大 →

水田二毛作（1年2作）による取組

【経営概況】　経営耕地　4.2ha
水稲　2.8ha（晩植）　小麦　4.2ha（裏作）
大豆　1.4ha（転作）
　　　　　　作付延べ面積　8.4ha

【経営収支】
　農業粗収益　　　　　760万円
　（うち助成金等　　　150万円）
　農業経営費　　　　　430万円
　農業所得　　　　　　330万円

【労働時間】　　700時間/人
【従事者数】　　　家族2人

※　助成金等には、戸別所得補償制度モデル対策を含む。

<経営発展のイメージ>

都府県販売農家

【経営概況】　経営耕地　4.5ha
　主食用米　　　　　　2.7ha
　麦　　　　　　　　　1.8ha
　大豆　　　　　　　　1.8ha
　作付延べ面積　　　　6.3ha

【経営収支】
　農業粗収益　　　　　560万円
　（うち助成金等　　　210万円）
　農業経営費　　　　　340万円
　農業所得　　　　　　220万円

【労働時間】　　500時間/人
【従事者数】　　　家族2人

→ 省力化や作期分散による規模拡大 →

低コスト・省力化及び規模拡大の取組

【経営概況】　経営耕地　18.0ha
　主食用米　　　　　　10.8ha
　飼料用米　　　　　　1.8ha
　麦　　　　　　　　　5.4ha
　大豆　　　　　　　　5.4ha
　作付延べ面積　　　　23.4ha

【経営収支】
　農業粗収益　　　　2,470万円
　（うち助成金等　　　940万円）
　農業経営費　　　　1,210万円
　農業所得　　　　　1,260万円

【労働時間】　1,200時間/人
【従事者数】　　　家族2人

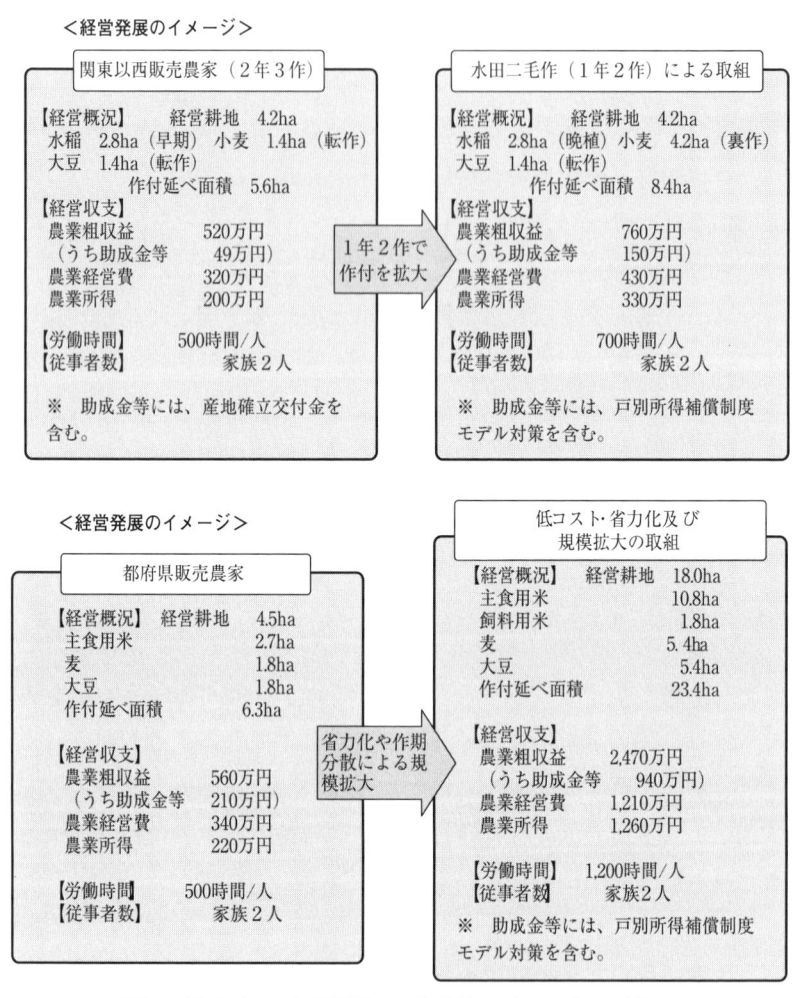

※　助成金等には、戸別所得補償制度モデル対策を含む。

図1（その1）　水田農業・畑作農業モデルのイメージ

出所：農林水産省「農業構造の展望―経営政策が目指す将来の農業ビジョン―」。

造の展望」によると、日本の農業を支える基幹的農業従事者は、平成21年の75％程度まで減少し、販売農家数も65％程度まで減少、農地面積は426万haにまで減少するものの、1戸当たりの経営面積は販売農

第4章　土地利用型農業と自給力の向上　57

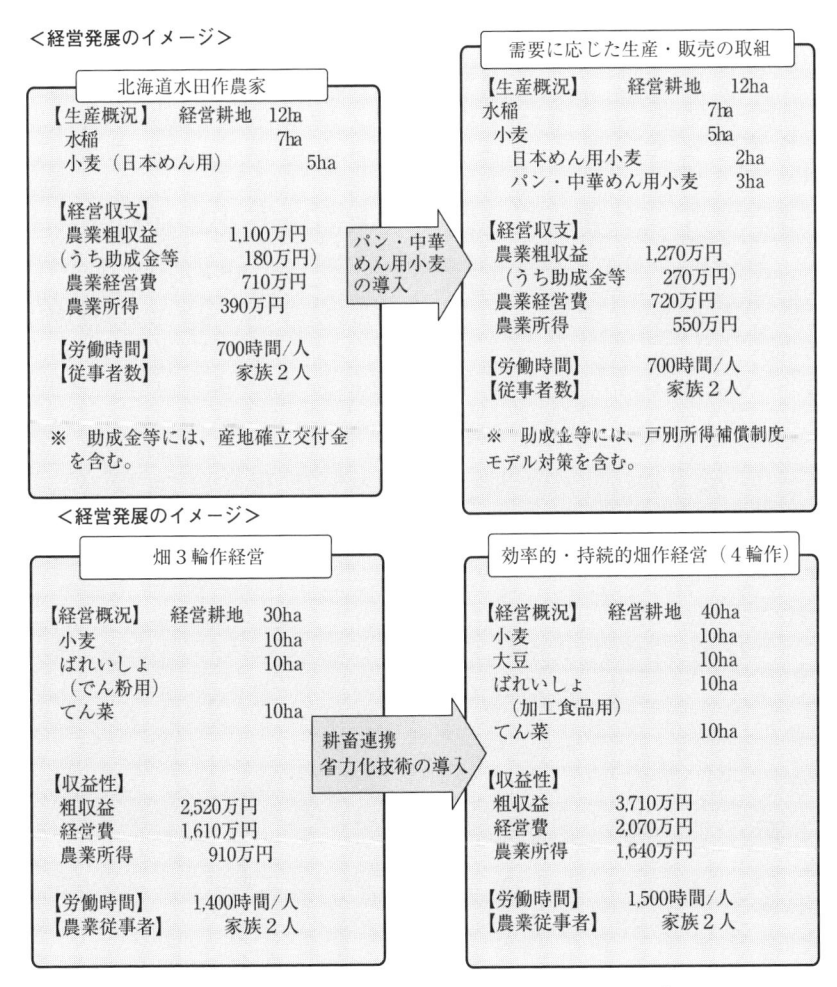

<経営発展のイメージ>

北海道水田作農家
【生産概況】　経営耕地　12ha
　水稲　　　　　　　　7ha
　小麦（日本めん用）　5ha

【経営収支】
　農業粗収益　　　1,100万円
　（うち助成金等　　180万円）
　農業経営費　　　　710万円
　農業所得　　　　　390万円

【労働時間】　　700時間/人
【従事者数】　　　家族2人

※　助成金等には、産地確立交付金を含む。

→ パン・中華めん用小麦の導入 →

需要に応じた生産・販売の取組
【生産概況】　経営耕地　12ha
　水稲　　　　　　　　7ha
　小麦　　　　　　　　5ha
　　日本めん用小麦　　2ha
　　パン・中華めん用小麦　3ha

【経営収支】
　農業粗収益　　　1,270万円
　（うち助成金等　　270万円）
　農業経営費　　　　720万円
　農業所得　　　　　550万円

【労働時間】　　700時間/人
【従事者数】　　　家族2人

※　助成金等には、戸別所得補償制度モデル対策を含む。

<経営発展のイメージ>

畑3輪作経営
【経営概況】　経営耕地　30ha
　小麦　　　　　　　　10ha
　ばれいしょ　　　　　10ha
　（でん粉用）
　てん菜　　　　　　　10ha

【収益性】
　粗収益　　　　2,520万円
　経営費　　　　1,610万円
　農業所得　　　　910万円

【労働時間】　1,400時間/人
【農業従事者】　　家族2人

→ 耕畜連携省力化技術の導入 →

効率的・持続的畑作経営（4輪作）
【経営概況】　経営耕地　40ha
　小麦　　　　　　　　10ha
　大豆　　　　　　　　10ha
　ばれいしょ　　　　　10ha
　（加工食品用）
　てん菜　　　　　　　10ha

【収益性】
　粗収益　　　　3,710万円
　経営費　　　　2,070万円
　農業所得　　　1,640万円

【労働時間】　1,500時間/人
【農業従事者】　　家族2人

図1（その2）　水田農業・畑作農業モデルのイメージ

出所：その1に同じ。

家で2.6ha、主業農家で7.7haまで拡大が見込まれている[6]。基本計画に対応した具体的なモデルとして、**図1**に示したような水田農業・畑作農業がイメージされている。水田農業においては、それぞれ地域

の実情に応じ、「複合化による農地の高度利用」、米粉用米・飼料用米などを取り入れた「省力化・規模拡大」「加工需要に応じた転作作物の導入」などが、畑作農業においては「未利用資源の活用や適切な輪作体系の確立によるコスト削減」などが展望されている。しかしながら、前節で述べたとおり麦、大豆、米粉用米等においては、取引価格、加工適性、助成・補償等の課題が解決されなければ、個別に達成するケースはあるとは思われるものの、地域全体での面的なモデル経営の確立は難しいと考えられる。

第3節　地域の事例から土地利用型農業を考える

1．農地の流動化で多様な経営類型の育成―北海道栗山町の水田農業―

　栗山町は北海道の中央部、空知の米どころに位置している。しかし、近年では、米需要の低迷から転作率が高まり、小麦を中心に、タマネギ、長ネギ、メロンなどが導入されている。一方、畑作物では小麦、種馬鈴薯、豆類が中心となっており、移出用種馬鈴薯の生産では道内有数の数量を確保している。

　地域農業の活性化にむけて早くから情報化に取り組み（第6章参照）、また、栗山町、農業委員会、JA、土地改良区、普及センターなどが一丸となって地域農業に取り組む（財）栗山町農業振興公社を設置し、農業振興の総合的な企画・調整に加えて担い手の確保、作業受委託の需給調整、農地流動化対策などの事業を実施している。

　栗山町では、農業粗生産額の減少、農業所得の減少、農家戸数の減少、担い手不足と高齢化が全て顕著になっており、遊休農地の拡大、農地流動化の停滞、機械施設への過剰投資などの課題を抱えている。

具体的目標
■中核農業者：400戸（内、目標認定農業者群（400戸）
●認定農業者（現状）350戸●今後育成すべき農業者50戸
■認定農業者の具体的目標
年間所得目標：1経営体当たりおおむね4,800千円以上
基幹農業者の年間労働時間：1,800～2,000時間以上
■効率・安定的農業経営の基本指標

1	組織体	水稲・畑作・園芸複合	60ha	100,890千円
2	個別体（拡大）	大規模水稲専業	30ha	27,342千円
3		水稲・畑作複合	20ha	16,596千円
4		水稲・畑作（種馬鈴しょ）複合	17.5ha	17,922千円
5		たまねぎ・小麦・緑肥複合	10ha	24,741千円
6		水稲・施設、露地野菜複合	10ha	12,470千円
7		水稲・ねぎ複合	10ha	14,752千円
8		水稲・肉牛・飼料作物複合	10ha	12,512千円
9	個別体（集約）	野菜専業	3ha	16,080千円
10		施設野菜集約	0.3has＋1.7ha	5,960千円

図2　栗山町が目指す営農類型

出所：（財）栗山町農業振興公社資料。

　そのなかで、稲作からの転換は不可欠と位置づけられており、商品性の高い良質な農産物への転換が図られている。そのなかで健康機能性に着目した赤タマネギ（商品名はさらさらレッド）の生産が拡大している。栗山町で示す営農類型は図3に示すとおりであるが、大部分は複合経営となっている。

2．組織力で規模拡大—北海道網走市の畑作農業—

網走市では、1960年代の第一次農業構造改善事業によるトラクターの導入が進むなかで、農協の指導のもとに、経済合理性の向上を目的として、共同で機械を利用する機械利用組合（のちに利用組合）の組織化が進展した[7]。利用組合は各構成農家の出資と出役によって成り立っており、各構成農家は作業サービスの受け手でもある。すなわち、農家は、作業への出役に対しての労賃を受け取るとともに、サービスの受け手としては利用料を支払う。このような仕組みによって、農家は最新の大型機械による高い技術水準の作業サービスを受けることができるとともに、主として減価償却費を代替する利用料を利用組合に支払うことによって、大幅に機械関連費用を節約でき、さらには、出役労賃を受け取ることができる。

この営農システムの管理には農協による指導が大きな影響力を有していることから、各利用組合における「組織編成・管理の自由度」や「農家作付選択の自由度」が小さいという特徴をもつ。ただし、この営農システムの構築、維持・発展においては、農協が相互連携を強固にしながら、地域の実情に適したマネジメントシステムを構築する過程において、このような特徴を持つことに至ったと捉えなければならない。網走における主要作目は、てんさい、でんぷん原料用ばれいしょ、麦の畑作三作物で、これらはいずれも、加工プロセスを経なければ製品にならないが、それを担うのが、ホクレンやオホーツク網走農協の各施設・工場である。したがって、これらが所有する施設の処理能力や稼働率、販売先との契約状況が作付面積を規定することになるが、生産の段階での組織化による合理化、また施設・工場の稼働状況を踏

まえ計画的に組合に作付面積を割り当てることで、加工原料型畑作農業の一つの類型を作り上げたといえる。

　なお、近年、野菜作の比重が高まる中で、作物選択や作付面積に係る個々の利用組合や農家の意思決定の自由度は高まっているが、生産物の多くが系統出荷であることから、依然として、農協は一定の影響力を持っている[8]。

3．加工ニーズとのマッチング―沖縄県読谷村の紅イモ生産―

　食品製造業は地域を問わず重要な産業ではあるが、沖縄県ではその比重が特に高く、沖縄経済における重要性も高い。その食品製造と地域農業とをうまく結びつけている事例が読谷村の紅イモ（紫サツマイモ）である。

　一般的に、サツマイモは青果として利用されるだけではなく、一次加工品、最終消費者向けの加工品ともに様々な需要がある。沖縄県のサツマイモは、防疫上、青果用サツマイモの県外移出が禁止されており、また、焼酎用サツマイモ需要も皆無であるため、酒類を除く加工品に有用で安定的な原料を供給することが、サツマイモ生産を持続できる一つの鍵となっている。なかでも、菓子類における紅イモ製品は、観光客のみやげ物として定着しており、多くのメーカーにより商品開発が行われている。

　読谷村は沖縄県中部、東シナ海に面しており、那覇市から北に約30kmに位置し、サツマイモは、近年村の粗生産額では第3位に浮上し、読谷村にとっては重要な部門の一つと位置づけることができる。

　図4に示すのは沖縄県と読谷村のサツマイモの作付面積及び産出額の推移である。1990年からの推移をみると、沖縄県全体の作付面積

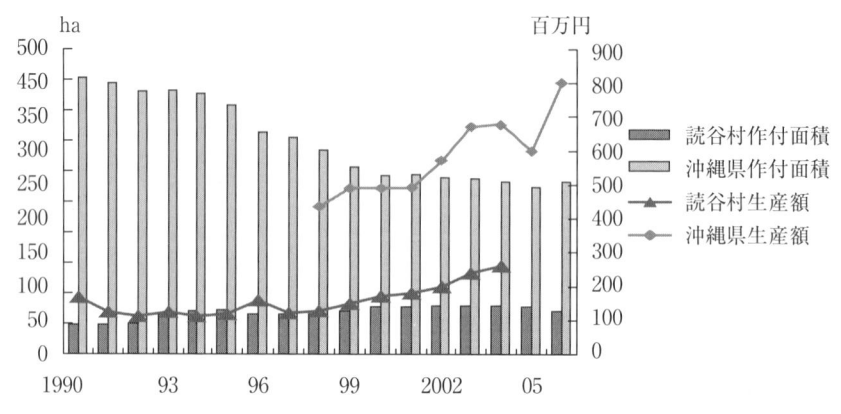

図3　沖縄県および読谷村の紫サツマイモの作付面積と生産額の推移

資料：読谷村HP（http://www.vill.yomitan.okinawa.jp/）

が大きく減少しているのに対し、その間読谷村の作付面積はわずかながら増加してきた。一方、生産額に関しては、90年のおわりから2005年にかけて、作付面積の減少にも関わらず、県全体では2倍近く拡大し、また読谷村の生産額もほぼ一貫して拡大している。

　読谷村の紅イモは地元の菓子メーカーと提携することにより、多くの農家が紅イモ栽培にたずさわるようになったが、読谷村では紅イモの持続的な生産を促し、また消費者への品質保証のため、2006年、「紅イモ認証ロゴマーク」を制定して、「読谷村紅イモ産地協議会」と出荷団体が共同で生産農家を認定するものとし、栽培履歴の整備や共同出荷で品質を担保するとともに、農家にとっても安定的に販売先が確保できるなどメリットのあるしくみとなっている[9]。

おわりに

　紙幅の制約から、土地利用型農業を詳細に検討することはできないが、水田・畑作農業の展開方向として考えられる複合化、組織化、高付加価値化の事例を簡単に示した。近い将来、農業生産基盤が脆弱化するなかで、土地利用型農業経営が自らの所得を維持・拡大しようとする行動は、国内での生産量を確保し、さらに、輸出力も拡大できれば自給力の拡大にもつながる。しかし、一方では、消費者ニーズの変化によって、単に生産量を拡大しても需要にマッチしないことが予測される。土地利用型作物の自給力向上のためには、二つの点を指摘したい。

　まず、①「加工・調理ニーズへの対応」と「技術力の強化」である。農林水産省の試算では、人口の減少や高齢化社会の進展によって、食品のニーズが変化し、将来的にも、穀物の消費は継続的に減少するとされ、ニーズの高い加工食品、調理食品に対応できる農業・食品産業の確立が求められている[10]。こうした関心の高まりをうけて、加工特性の高い品種、機能性の高い品種の開発が行われ、また、実需者とのマッチングが行われている。たとえば、「低アミロース米」「GABAが豊富な巨大胚芽米」「アントシアニンを含む紫黒米」「小粒納豆用大豆」など多くの品種が開発されている[11]。また、こうした品種開発は農林水産省が推進する異業種連携をもとに行われているものであり、農・商・工が連携することにより、それぞれに産業としての強化を図るとともに、フードクラスターの形成などを通じて、地域経済の活性化をめざそうとするものである。しかし、こうした動きはまだ育成途中であり、加工原料用として生産された農産物と加工食品の需要のミスマッチは本書の第1章、第5章で指摘されているとおりである。さら

に、ニーズへの対応を根本的に支えているのは、「農業の技術力」であり、高付加価値農産物の生産、大規模経営・コスト低減、特許収入の実現、食品産業など農業関連産業への波及効果など産業としての農業・農業関連産業の地位の向上に大きく貢献するものである。

　他方、②もう一つの要因としては、「農業に対する国民意識と政策の水準」と「農産物貿易の構造」がある。単に食料自給率を高めるというのであれば、価格政策や所得政策を実施し、農家の生産意欲を高めるのが最も有効な手段といえる。諸外国の高い食料自給率が紹介されることもあるが、それらの多くはあの手この手の「補助金」によって支えられているのが現実である。しかし、財源からも自由貿易を推進する世界的な趨勢からも手厚く農家を保護する政策を採用することは困難である。食料自給率はどれくらいが適当なのか、それは「自給力」であるべきなのか、その自給率を維持するためにはどの程度の財源を確保するか、国民の選択の材料となる議論がまだ少ないように思われる。

注
1）「土地利用型農業」や「土地利用型作物」という用語は日本農業経営学会農業経営学術用語辞典編纂委員会編（2006）のなかにも見受けられず、慣例的に「施設利用型農業」に対応する用語として使用されている。
2）米の輸入に関しては、1999年から関税化が導入され、国家貿易としてのミニマム・アクセスと、枠外関税を支払えば誰でも輸入可能な枠外輸入がある。ミニマム・アクセス数量は年間玄米77万トンが限度であり、マークアップが292円/kgを上限としているのに対し、枠外輸入による関税は341円/kgで、重価税換算で778％となっており、マスコミを通して「コメの輸入関税は700％を超える」と知られることとなった。

実際にはこの高額な関税によって枠外輸入量はごく僅かとなっており、このことが、米国などの米の輸出国からの非難の対象となっている。また環太平洋パートナーシップ（TPP）交渉の先行きによっては、米の関税も大きく変わる可能性がある。詳細は農林水産省「米をめぐる関係資料（平成22年3月）」web版

　　　http://www.maff.go.jp/j/council/seisaku/syokuryo/1003/pdf/ref_data4.pdfを参照。

3）特に注のない限り、本章の統計的数値はすべて農林水産省（2010a、2010b）から引用。

4）2008年産、2009年産数値は生産調整カウントとして、新規需要米の認定を受けた用途別面積に限る。2020年の生産数量目標値は詳細は「食料・農業・農村基本計画（平成22年3月）」web版

　　　http://www.maff.go.jp/j/keikaku/k_aratana/pdf/kihon_keikaku_22.pdfの添付資料。

5）詳細は佐伯（2010）、舟山（2010）などを参照。

6）詳細は農業構造の展望―経営政策が目指す将来の農業ビジョン―

　　　http://www.maff.go.jp/j/keikaku/k_aratana/pdf/kouzou_tenbou.pdfを参照。

7）当初は網走市内4農協でそれぞれに組織化がすすめられたが、現在はオホーツク網走農協として合併している。

8）詳細は大室・井形・新沼（2008）を参照。

9）詳細は井形・後藤（2008）を参照。

10）詳細は農林水産省「少子・高齢化の進展における我が国の食料支出額の将来試算」

　　　http://www.maff.go.jp/j/press/kanbo/kihyo01/pdf/100927-01.pdfを参照。

11）詳細は農研機構産官学連携HP

　　　http://www.naro.affrc.go.jp/joint_research/joint_research_index.html
　　　農研機構品種2010

http://www.naro.affrc.go.jp/publication/result/pdf/MainKind2010.pdf
を参照。

参考・引用文献

［１］ 井形雅代・後藤一寿（2008）「菓子加工と蒸熱処理による紅イモの商品化と産地形成」『知識集約による紫サツマイモを中心とした新需要創造グランドデザインの提案と新需要創造協議会の設置支援』独立行政法人農業・食品産業技術総合研究機構九州沖縄農業研究センター農林水産省平成19年度新需要創造フロンティア育成支援事業報告書、pp.101-102

［２］ 大室健治・井形雅代・新沼勝利（2008）「生産組織における会計システムの機能―網走市A営農集団を素材として―」『農村研究』第106号、pp.101-101

［３］ 佐伯尚美（2010）「米政策はいまどうなっているか」『農業経済研究』第82巻第2号

［４］ 農業経営学会農業経営学術用語辞典編纂委員会編（2006）『農業経営学術用語辞典』農林統計協会

［５］ 舟山康江（2010）「戸別所得補償と日本農業のゆくえ」『農業と経済』2010年5月号

［６］ 農林水産省（2010a）『平成22年版食料・農表・農村白書～新たな政策への大転換』佐伯印刷株式会社

［７］ 農林水産省（2010b）『ポケット農林水産統計―平成21年版―』農林統計協会

［８］ 農業経営発展のための展望モデル―食料・農業・農村基本計画に対応した経営発展の具体的取組の例示
http://www.maff.go.jp/j/keikaku/k_aratana/pdf/keiei_tenbou.pdf

第5章
国産大豆の需給の実態と実需者主導による需要の創出

吉田　貴弘

はじめに

　中国北東部を起源とする大豆は、古くは縄文時代後期に日本でも消費され、優れた蛋白源として味噌や醤油、豆腐や納豆といった加工品が米とともに日本人の食を支えてきた。また、近年では大豆イソフラボンをはじめとした栄養素の機能性が注目され、医学的な利用も期待されている。このように大豆は日本人にとり伝統的かつ健康的な食品として消費されてきたが、国際的に大豆は油糧作物に分類され、食用油のほか工業用にも利用されている。また、搾油後の大豆粕は優良な飼料として今日の畜産業を支えている。

　わが国では油糧需要の拡大に伴って1961年に大豆の輸入を完全自由化し、安価で安定した輸入大豆の供給が開始された。これにともない国内における大豆の生産は縮小したが、1970年代後半からは米政策改革の進展により大豆は麦類とともに米に代わる転作作物に指定され、水田における栽培が政策的に奨励された。こうして全国各地に交付金による下支えを前提とした大豆産地が形成されてきた。

他方わが国の大豆関連市場では、安価で安定した供給が可能な輸入大豆が油糧のみならず食用においても広く浸透していった。とりわけ消費者の低価格志向が進行する今日において、国産大豆を原料とする製品は品質の良さが評価される一方、輸入大豆を原料とする製品と比較して割高であることから、店頭において敬遠されがちである。したがって大豆は政策的に国内での生産が拡大される一方でこれが消費されるまでには至らないことから、国産大豆は自給率が低水準で推移し続けるのに反して供給過剰の傾向にある。

　本章では国内における大豆需給のミスマッチが発生した経緯やその要因について、国内の大豆主産地における実態調査や実需者への聞き取り調査の結果[1]をもとに、国産大豆を取り巻く現状について整理する。また、実需者主導による国産大豆の付加価値向上および需要創出への優良事例を取り上げる。

第1節　国産大豆の需給ギャップ

1．大豆の消費動向と自給率の推移

　わが国の大豆自給率は近年5％前後で推移し、油糧用などを除いた食用に限ると20％前後である（図1）。1961年の輸入完全自由化以降国内における大豆の生産は縮小し、大豆の自給率は1952年の76％から2007年には5％まで減退した。この間、食生活や食事様式の変容にともなって食用油脂の需要が急激に拡大し、これに海外からの油糧原料の供給が対応したが、大豆もアメリカ、ブラジル、中国、カナダなどからの輸入が拡大した。

　他方、国産大豆のほとんどは食品用に充てられ、国内で栽培される

図1 大豆の国内消費動向と自給率の推移

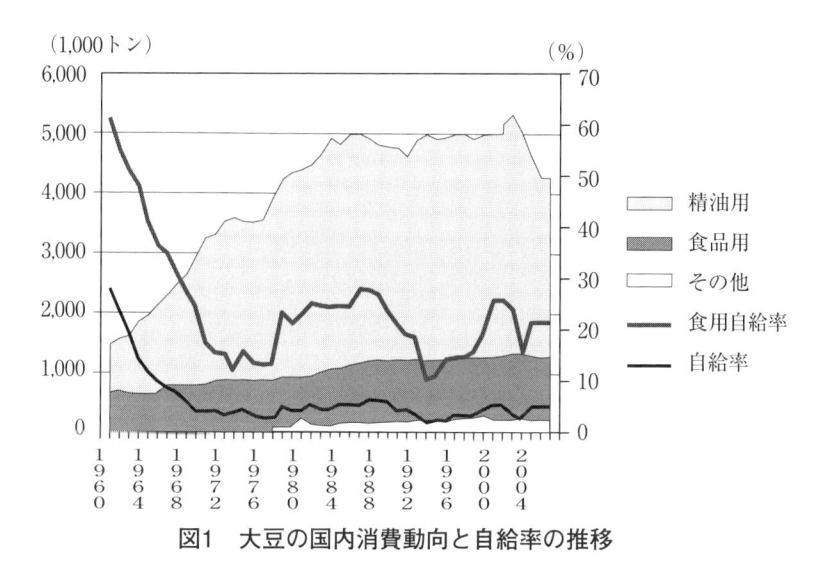

出所：農林水産省ホームページ／『食料需給表』より筆者作成。

大豆品種の多くが豆腐、煮豆、納豆などの食品加工向けのものである。しかしながら国産大豆は輸入大豆と比較して豊凶差の影響を受けやすく、供給が質・量ともに不安定である。また輸入大豆が価格面でも優位であることから、輸入大豆は油糧のみならず食用需要においても定着している。

2．わが国における大豆生産の概況

国内の大豆産地を地方別に整理すると、作付面積が最も多い東北地方、水田地帯のほか十勝平野を中心に大規模な畑作が可能な北海道、高水準の単収に支えられる九州地方、これに北陸地方と関東・東山地方が次いでいる（表1）。大豆は北海道その他での一部畑作地域を除くと、多くがいわゆる「米どころ」において水田転作により栽培され

表1　2007年度地方別にみた大豆の作付面積と収穫量

	作付面積	10a当たり収量	収穫量	%
全国	145,400	158	229,900	
北海道	24,500	198	48,500	21.1
東北	41,600	137	57,000	24.8
北陸	15,400	157	24,200	10.5
関東・東山	14,400	165	23,700	10.3
東海	10,700	92	9,880	4.3
近畿	9,000	139	12,500	5.4
中国	5,960	133	7,940	3.5
四国	845	138	1,170	0.5
九州	23,000	196	45,000	19.6

出所：農林水産省大臣官房統計部／「作物統計」平成22年4月20日公表

ている。これは米価下落への対応として米政策改革が進展し、稲作に代わる作物として大豆への転作が奨励されてきた結果である。

　畑作物である大豆の水田での栽培には、暗渠排水を含めた圃場の整備、専用コンバインや乾燥調整施設などへの設備投資を要し、経営費に対して収益をいかに確保するかが課題となる。これらを政策的に推進することで、近年国内には大豆産地が形成されている。

　近年北海道に次ぐ大豆産地となった佐賀県の事例では、交付金その他の政策的補助を活用してJA主導による地域ぐるみの組織的な転作が展開されてきた。県内の集落営農組織ではブロックローテーションにもとづく計画的な作付や機械の共同利用、無人ヘリによる一斉防除など、生産の効率化が進むとともに、単位当たりの収量が全国一の水準に達している。さらに、JAの指導にもとづく適期作業の徹底や共同乾燥調製施設の利用により、同県産大豆は品質も改善されている。

　佐賀県での事例と同様に組織的な水田転作の導入が栽培管理の強化および経営の効率化を達成している事例が、東北地方など他の地域に

おいても存在し、それぞれ優良な産地での取り組みには次のような共通点がみられる。すなわち、①ブロックローテーションを導入し、②オペレーターによる適期作業の実施と作業の効率化を達成し、③乾燥調製施設の共同利用と一定区画からの集荷によって一定規模のロットを確保している。したがって水田における大豆生産は、組織的な取り組みによって効率的な栽培と質・量ともに安定した供給が実現可能であるといえる。

しかしながら、いずれの優良事例も乾田化を含めた基盤整備と交付金による大豆作経営の下支えを前提としており、栽培条件の差異によって大豆作の収益性が稲作の水準にまで改善されない地域では交付金をともなっても大豆作への動機づけがなされず、いわゆる「捨てづくり」[2] も発生している。

3．国産大豆需要の実態

稲作地帯を中心に大豆産地が形成される一方、近年の大豆入札取引において、国産大豆の供給過剰の傾向が明らかとなった。すなわち、日本特産農産物協会が開設する国産大豆の入札取引において、2008年および2009年産品の落札率が20％前後と低迷し続けたのである[3]。これは近年大豆が連続して豊作であったことに加えて、消費者の低価格志向にともなう国産大豆需要の縮減によって（後述）過去年産在庫が積み増しされ、新規購入が制約されたためと考えられる。したがって近年国産大豆は供給過剰の傾向にある。

大豆加工品は元来日配品に位置づけられ、小売店などでは低価格品の象徴とされてきた。とりわけ近年の大手小売各社による価格競争の激化にともなって、低価格志向への対応が加工メーカーに対しても強

表2　2007年産大豆の生産費比較

	一戸当たり 作付面積（ha）	単収 （kg/10a）	労働時間 （hr/10a）	費用合計 （円/60kg）
白石町優良事例※	3.71	317	3.0	11,412
北海道平均	2.95	249	10.7	17,356
都府県平均	2.72	156	8.02	21,297
全国平均	2.80	188	9.01	15,078

注：白石町の野中勲氏は、平成19年度全国豆類経営共励会において大豆農家の部
　　農林水産大臣賞を受賞。
出所：農林水産省大臣官房統計部「平成19年産大豆生産費（個別経営）」、白石町
　　　提供資料

く求められている。こうした潮流にあって多くの大豆加工メーカーは安価で質・量ともに供給が安定している輸入原料の使用を拡大し、輸入大豆使用品が売上構成比率の多くを占めている。

　他方、一部で国産原料を使用した高付加価値品による差別化が試みられているが、品質特性などにおいて低価格品との明確な差異を創出するには至らない場合が多く、消費者が割高な国産原料使用品を支持する要因にはなりにくい。したがって国産大豆の需要は、輸入大豆のシェア拡大によって縮小される傾向にある。

第2節　実需者主導による国産大豆の需要創出

1．契約栽培を通じた産地形成

　国産大豆の需給ギャップ解消に向けては、生産者が実需者および消費者のニーズを的確に捉えて、市場ニーズに対応した原料を供給することが求められる。その上で、契約栽培による安定した取引が生産者の大豆作への動機づけを誘発し、産地に市場ニーズなどの情報をもたらす事例が多数存在する。

徳島県の大手豆腐メーカーS社の事例では、S社が契約栽培を通じて国産原料を調達し、この大口の播種前契約が産地において生産者の大豆作に対する意識に変化をもたらしている。また産地ではJAによる集荷を強化することでロットの確保に取り組むほか、S社からの品種および品質のニーズへの対応も進められている。
　S社では輸入原料を使用した製品を主力商品に位置づける一方で、多様化な消費者ニーズへの対応などを目的として限定的ながらも国産原料を使用しており、契約栽培を通じた安定的な原料調達に取り組んでいる。こうしたメーカーと産地の両者の契約関係が大豆産地の形成に至る事例を、産地における現地調査では多数確認された。
　別の岩手県での事例では、契約栽培を通じたメーカーと産地の連携がより深化している事例が存在した。豆腐メーカーH社は県内の生産者団体に対して営農や栽培技術に関する情報提供を実施し、原料の質・量ともに安定した供給（上位等級比率90％以上、大粒比率90％以上、単収300kg/10ａ、蛋白含量40％以上）を要望している。これらの目標数値は県内の他の地域においては容易に達成することができない水準であるが、生産者とH社の強固な関係によって、これらの実現に接近している。こうした取り組みが大豆の産地形成を促進し、生産者は販売収益のほか、より多くの交付金を獲得することで大豆作経営を改善していった。またH社は理想とする原料が契約先から供給されることで、高品質品の安定した製造を実現している。

２．国産大豆の使用拡大と卸売業者の機能

　実需者が産地と直接取引を行う場合、播種前契約による全量買いが前提となり、とりわけ中小規模のメーカーにとっては、過大な負担を

要することとなる。これに対して卸売業者からの原料供給はそうした取引上のリスクが軽減され、卸売業者が選別・貯蔵する原料を必要な量ずつ調達することができる。また各製品により製造過程において原料に求められる要素が異なり[4]、各産地から集荷し選別された原料を卸売業者が各用途に応じて納入することで、品質が不安定とされる国産大豆が有効利用されている。

さらに、卸売業者が取り扱う多くの品種のなかから実需者が自社製品の加工適性に見合ったものを選定できるなど、卸売業者を介した取引関係の構築は、取引リスクの軽減や原料および産地に関する情報の共有といった機能を果たしている。

宮城県の事例では、卸売業者が生産者と納豆メーカーB社の間を取り持つことで三者の関係性を深化させている。B社は昨今の小粒納豆への嗜好に対抗して中粒で長時間の低温発酵による高付加価値品の開発を目指し、卸売業者を通じて加工適性を有した品種の選定を行った。その結果「あやこがね」を使用することになるが、B社の原料調達は品種のみならず圃場の選定にも取り組んだ。すなわち、「畑が違えばモノも違う」というB社専務の言葉通り、生産者の顔が見え、かつ圃場により品質がバラつくことのない契約栽培を望んだのである。こうした要望に対して卸売業者は上述のような取引リスク軽減の機能を発揮し、生産者とB社を結ぶ役割を果たしている。こうした三者の連携によって開発された製品はB社の周辺地域のみで販売され、高付加価値品でありながら地産地消の徹底により比較的安価に販売され、地元消費者から支持されている。

前述の生産者と卸売業者は、県外の豆腐商工組合との契約栽培にも取り組んでいる。「あやこがね」は奨励品種のなかでは比較的蛋白質と糖質のバランスがよいとされ、製品に甘みやコクが生まれる優良品

種に位置づけられている。このあやこがねを卸売業者の仲介により毎年継続して県外の豆腐商工組合に出荷されている。組合はこれを学校給食への納入品に使用し、国産原料の普及と豆腐消費の拡大を目指している。

　こうした三者の関係性は取引の継続とともに深化し、毎年組合員が産地を訪問するなど交流も盛んに行われている。この事例からは卸売業者を介した生産者・卸売業者・実需者の三者の関係性の深化が原料の域外出荷へと結びつき、また原料そのものの付加価値向上をもたらした事例としても整理できる。

3．零細主体による価値イノベーション

　価値イノベーションとは、製品の製造過程などにおける技術革新にもとづく製品イノベーションに対して、製品の価値そのものに対するイノベーションを指している。製品の価値さらには消費者の「価値観」に対するイノベーションにもとづく需要の創造は、Drucker（1985）が提唱する「顧客創造戦略」、とりわけ「価値戦略」に通ずるものである。

　Druckerは企業家の戦略について、イノベーション導入の方法・手段を問うもの[5]と大別して、顧客創造戦略を「イノベーション自体が戦略である」ものと分類している。すなわち物理的には変化を起こさずして経済的には新しい価値を創造し顧客を創造するのである。

　これを国産大豆の事例に適用すると、国産大豆の価値イノベーションは輸入大豆と比較して割高なコストに対する価値の創造と理解することができるが、現状において国産原料使用品は、割安な輸入原料使用品との差異が消費者に認識されにくく、割高な価格相応の価値提供

が実現しにくい。こうした要因が国産原料使用品の支持を制約していると考えられるが、以下では「在来品種」を用いた他社製品との差別化と豆腐の価値イノベーションの実践事例を取り上げる。

　わが国の大豆関連市場への原料供給は輸入品と国産品に大別されるが、国産大豆の多くは国の奨励品種であり、これを栽培し販売することが、生産者が交付金を受給する要件の一つとされている。他方で一部の実需者は、理想とする加工適性に合致するなどの理由から、割高な奨励外品種の契約栽培[6]に取り組んでいる。

　岩手県のF社は卸売業者M社との連携により、奨励外品種である全国各地の在来品種を用いた製品を開発し、店頭およびインターネットを通じて販売している。価格帯は一般的な国産原料使用品の3～5倍程度のものが多いが、原料の調達はすべてM社を介した契約栽培であり、前述のプレミアムを上乗せして取引されている。M社が原料調達において品質に見合った対価を支払うことから、生産者は結果的に奨励品種の栽培と同等の収益をあげ[7]、過度に交付金に依拠しない大豆作経営を実現している。他方継続した取引関係の構築により生産者は高品質な原料の供給に積極的に取り組み、F社はそうした原料を用いて高付加価値品を製造・販売している。こうした三者の連携強化により、F社は他社製品との差別化を実現している。

　F社の製品は現在、贈答用も含めて広く支持されている。その理由の多くが、「ほかの製品とは味が違う」「多少高くても美味しいのでまた買いたい」「F社の豆腐を食べて豆腐というものがもっと好きになった」というものである。F社の社長は「豆腐が日配品の位置づけを脱し、安いのが当たり前として販売されず、手間暇をかけた良いものは高いという常識を作ること」を目指している。

　F社の事例は、M社との連携により在来品種を活用することで、豆

腐の最高級品ブランドの確立によって豆腐というものの価値イノベーションを実現しているといえる。また、①産地における実需者ニーズへの対応、②輸入大豆との差別化に求められる国産大豆の品質特性および加工適性、③生産者と実需者の連携構築へ向けた要件など、需給ギャップ解消に向けて国産大豆の供給サイドに求められる課題を摘出している。

おわりに

　わが国の食料自給率をめぐる議論には、主要なものに①国内の食料供給力の強化（増産）、②ロス廃棄の削減、③消費者向け国産品使用促進キャンペーン（FOOD ACTION NIPPONほか）、④国産品の海外市場向け輸出の拡大、などが挙げられる。とりわけ品目別自給率を例とした場合に、食料自給率が各品目の国内消費仕向量に対する「国内供給量（生産量）」の重量ベースで算出されることから、上記①のような「生産」に関わる議論に偏重する傾向がみられる。
　水田転作の奨励にともなう大豆産地形成の経験から、わが国における大豆の供給は圃場整備や団地化および集団管理の導入などによって拡大させることが可能といえる。他方、自給率の向上に際して、供給サイドに偏重して国産大豆の需要拡大が軽視されることが、生産者に対する政策の方向づけ次第で供給過剰を誘発することも明らかとなった。
　国内の大豆需給の動向を整理すると、水田転作による政策的な増産が進展する一方、安価な製品が支持される現状において、国産大豆は消費者および実需者から支持されにくい傾向にある。これに対して、実需者主導による産地との連携強化や価値イノベーションの実践など

の優良事例では、国産大豆の需要拡大に向けた付加価値の創造、さらには新規需要の創出を実現している。これらの要因を踏まえて、本章では需要側の実態を踏まえた「自給力」向上を提言する。

　豆腐、納豆、味噌や醤油といった大豆の加工品は和食のなかで欠くことのできない食品である。また味噌を例にすると、一口に味噌といってもその種類は全国各地に多様に存在し、いわば郷土の味を伝承する食品である。しかしながら一部メーカーの製品が全国各地で安価に販売される今日において消費者の味覚の画一化が進行している。その結果、国産原料を使用して割高な"昔ながらの味"の製品の需要は縮小する傾向にある。

　大豆の自給率向上は、交付金に下支えされた水田転作での増産のみに依拠せず、消費者が各地に伝承される味覚ないし食文化に立ち返ることに起因すると、筆者はここで強く主張したい。すなわち、各地域の特色を活かした食材や味覚が中心に据えられた食事の価値が見直されることでわが国の農産物に対する価値が認識され、その結果として大豆の自給率は米や地元野菜など他の食材とあわせて改善し得るのである。そうした地域の風土や文化の継承をも含めた自給力の強化には、現在の消費者による国産品に対する価値認識の変化を誘発する価値イノベーションが求められ、熱い情熱を抱く全国各地の実需者はこれを実践している。

注
1）東京農業大学プロジェクト研究「我が国の食料自給率向上への提言」の一環で実施した。
2）米の生産調整の割当分の達成と交付金の受給を目的とした、市場への出荷を前提としない大豆の作付を指す。
3）日本特産農産物協会ホームページ／平成21年産大豆入札取引経過、平

成22年11月より。
4）例として、製品に豆の形状が残る納豆や煮豆は豆の粒形、大きさ、皮目の状態などが重視されるのに対して、豆腐、味噌などは豆の形状が残らないため、求められる加工適性が異なる。
5）総力戦略、ゲリラ戦略、ニッチ戦略がこれに該当する。
6）交付金の一部が支給されないほか、奨励品種と比較して栽培適性が劣ることから、生産者に対してプレミアムが支払われる場合が多い。
7）F社およびM社へのインタビューより。

参考文献

［1］Drucker, Peter（1985）*Innovation and Entrepreneurship*（上田惇生訳『イノベーションと企業家精神』ダイヤモンド社、2007年）
［2］日本特産農産物協会　http://www.jsapa.or.jp/daizu/daizutop.html（2010年11月9日アクセス）
［3］農林水産省／作物統計　http://www.maff.go.jp/j/tokei/kouhyou/kensaku/hin3.html（2010年11月9日アクセス）
［4］農林水産省／食料需給表　http://www.maff.go.jp/j/zyukyu/fbs/index.html（2010年11月9日アクセス）

第6章
IT活用による農地の高度利活用と農業生産支援の可能性

新部　昭夫

はじめに

　食料自給率が40％と低迷するわが国の食料生産においては、国内の食料供給力を維持し強化するための生産基盤である農地を確保し、その有効利用を高めることが重要である。しかしながら国内の耕地面積は、1995年の504万haから2009年の461万haと14年間で8.5％も減少し、耕地利用率も2008年では92.2％まで低下している。同時に耕作放棄地も2005年の農林業センサスでは東京都の面積の1.8倍にあたる38.6万haに達している。

　耕作放棄地の発生を抑え農地の利活用を進めるために多くの施策が実施されている。しかしながら、放棄地の発生は農家の高齢化や担い手不足、農地の受け手不足、条件不利地、土地生産性の低下など異なった要因が原因となっており、地域によってその実態はさまざまである。耕作放棄地を解消するには地理的条件も含めてその現状を的確に把握し、農地情報の共有化・相互利用を促進する情報システムの構築が必要である。そのためにもリモートセンシングやGIS（地理情報システム）

など情報技術（IT）の利活用が期待される。

　一方、作物収量を増加させるためには単位面積当たりの生産性をさらに向上させる必要がある。今後、土地の集約化が進み農家一戸当たりの生産面積も増加すると予測されるが、耕作地の物理的・化学的情報を収集して最適な栽培管理技術の普及が不可欠である。

　本章では、わが国の食料自給力を高める上で重要な土地資源の活用や農業生産性向上のためにITがどのように利用されているか、またその現状と有効性について検討した。IT技術としては、精密農業のなかで利用されているリモートセンシング技術や情報システム、生育や収量に対する気象的変動要因をコンピュータ上で評価できる作物モデルを取り上げる。

第1節　精密農業の概要と目的

　情報を駆使して作物生産にかかわる多数のデータを収集・解析し、科学的な関連を解明しながら意思決定を支援する新たな営農戦略として登場した農法が、精密農業（precision agriculture）である。精密農業はすでに90年代の初期より開始され、アメリカでは大規模農場を中心に生産性の向上を目指して土壌分析データの収集やGPSシステムを装填した自走式コンバイン、収量モニター付コンバインなどが開発された。フロリダ大学では航空機を利用して雷雲画像データを収集しそのリアルタイム監視システムなども開発されている。ヨーロッパでは環境保全を目的とした精密農業の導入が行われ、農業による環境負荷を低減しながら生産性の向上に利用されている。日本ではこの10年間、高性能な農業機械の開発とその自動化技術の研究開発が中心に進められた。そして「複雑で多様なばらつきのある農場に対して事実を

記録し、その記録に基づくきめ細やかなばらつき管理を行い、収量、品質の向上及び環境負荷低減を総合的に達成しようという農場管理手法である」(澁澤、2010) との認識のもと、国家事業として2006年度より３年間にわたって「IT活用型営農成果重視事業」が開始され、日本型精密農業技術の構築が進められた。

　精密農業の技術的特徴は、ほ場内の土壌窒素含量や作物の発育状況、病害虫発生状況などを土壌センサーやリモートセンシング技術などを用いて精密に観測して表示する土壌マッピング技術と、その情報に基づいて作業判断できる意思決定支援システム、そして土壌情報に対応して耕起や施肥、農薬散布、収穫などの作業が自動でできる可変作業技術である。これらの技術を精密農業の三要素技術（澁澤、2010）という。現在においては衛星リモートセンシング技術の発達に伴って、土地被覆状況や土壌成分の測定、生育状況の把握も可能である。

第２節　リモートセンシング技術

１．土地利用状況の把握や生育調査

　リモートセンシングとは、人工衛星や航空機に搭載した光学センサーやマイクロ波センサーによって地表面の土地被覆状況や植物の生育状況を把握する技術である。光学センサーによる生育調査リモートセンシングの原理は、植物は一般に光のなかで赤色領域（赤波長R）を吸収し近赤外領域（近赤外波長IR）を反射するが、この２つの領域の反射率が植物体の生育によって変化する。この変化の程度を利用して、植生や生育量を判定することが可能である。反射率は正規化植生指数NDVI（Normalized Difference Vegetation Index）として−

1から＋1までの数値で表され、NDVIが＋1に近いほど植生が盛んであることが知られている。

植生指数（NDVI）＝（IR－R）／（IR＋R）

NDVI値は、湛水水田の判別や稲被覆率の把握、さらに米粒タンパク質含量との相関も高いことから食味を考慮した稲収穫適期の予測にも利用されている。

２．収量予測

衛星リモートセンシングにより、稲の作付面積と生育状況を把握することはできるが、直接的な収量予測は困難である。そのため、NDVIと各生育ステージのLAI（葉面積指数）及び収量の関係から、NDVI値を取入れた重回帰式を用いて収量を予測する。しかしながら生育や収量は気象的な影響を強く受けるため、各地域や年度の定数を求めておいて補正するが予測の精度は低い。そのため近年では、稲の生育に必要な光合成有効放射量（Photosynthetically Active Radiation：PAR）を衛星リモートセンシングによって観測し、収量の予測精度を上げているs。

３．土壌センサー

作物の生長は土壌の養分供給量に依存することから、土壌窒素肥沃度の測定が重要である。衛星リモートセンシングでは窒素肥沃度と相関の高い土壌腐植含量を、土壌の酸化鉄含量の影響が少ない赤波長輝度値によって推定することが可能である。腐植含量と赤波長輝度値と

の相関は0.78との報告（田村、2002）もある。なお、衛星以外にトラクタ搭載のリアルタイム土壌センサーも開発されている（澁澤ら、2008）。

第3節　精密農業の導入事例

1．株式会社ズコーシャのIT農業支援システム

㈱ズコーシャでは、精密農業支援システムの一部としてリモートセンシング技術を利用したIT農業支援システム「可変施肥システム」と「小麦収穫システム」を開発している。「可変施肥システム」は、まず空撮用無人ヘリコプタを利用してほ場内の窒素肥沃度を測定して、そのバラツキに応じた適切な化学肥料投入量を求めた「可変施肥マップ」を作成する。次に可変施肥マップデータにもとづいてGPS搭載の自動可変施肥機で2種類の肥料を同時に施肥することができる。この一連の作業は図1に示したとおりである。このシステムの導入で窒素肥料投入量の大幅な削減が可能である。

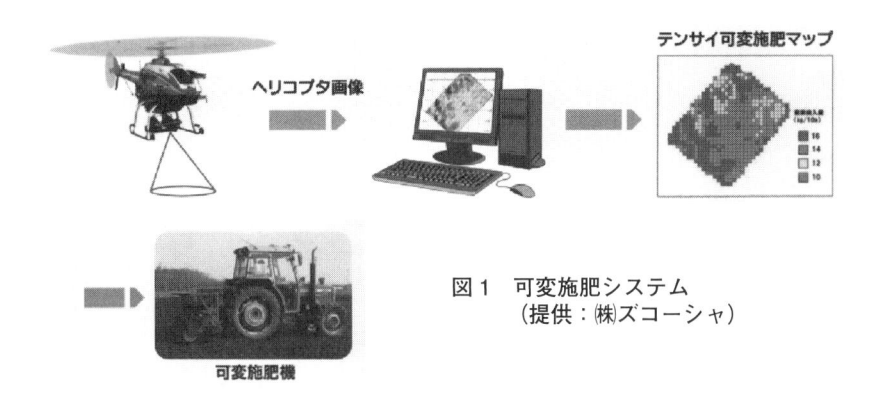

図1　可変施肥システム
　　（提供：㈱ズコーシャ）

「小麦収穫システム」は、衛星と空撮用無人ヘリコプタからの画像NDVI値を利用して小麦の生育の情報の把握や穂の水分含量を推定し、最適な刈取り順マップを作成するシステムである。小麦の品質や収穫作業の効率化に効果を発揮する。またこの2つのシステムによって作成された「可変施肥マップ」や「刈取り順マップ」は「Webによる農業情報配信システム」として利用者に提供することも可能である。

2．株式会社パスコのリモートセンシング技術

㈱パスコは、航空機測量や衛星画像の提供を行う専門会社であるが、航空機を利用したスペクトルセンサー（AISA）によって光の波長を計測し、水稲の生育調査（玄米タンパク質含有率）や植生調査、水質調査を行なっている。図2（左）はハイパースペクトルセンサー画像データを用いた稲いもち病エリア図である。また図3は同様のデータを利用して作成した玄米タンパク質含有率マップである。稲病害被害エリアの推定や収穫期情報の提供が可能である。

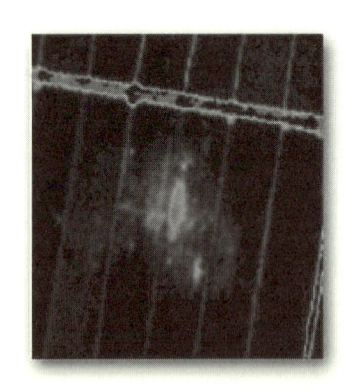

図2　いもち病の被害推定（左）とウンカの被害写真（右）
（提供：㈱パスコ）

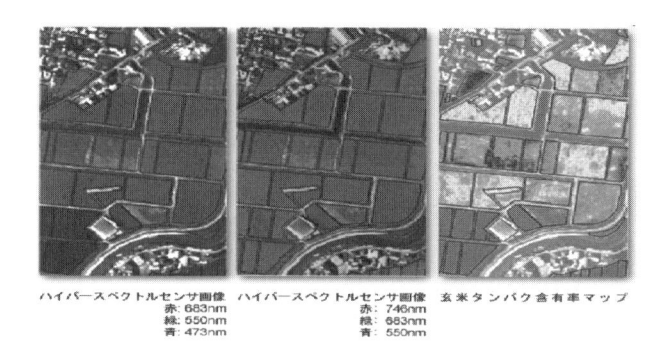

第6章 IT活用による農地の高度利活用と農業生産支援の可能性　87

図3　玄米タンパク質含有マップ（右）
（提供：㈱パスコ）

3．北海道栗山町の農業情報システム

　栗山町は稲作経営や野菜等との複合経営が盛んな地域であるが、農家の高齢化、農家戸数の減少、担い手不足などの問題も抱えている。

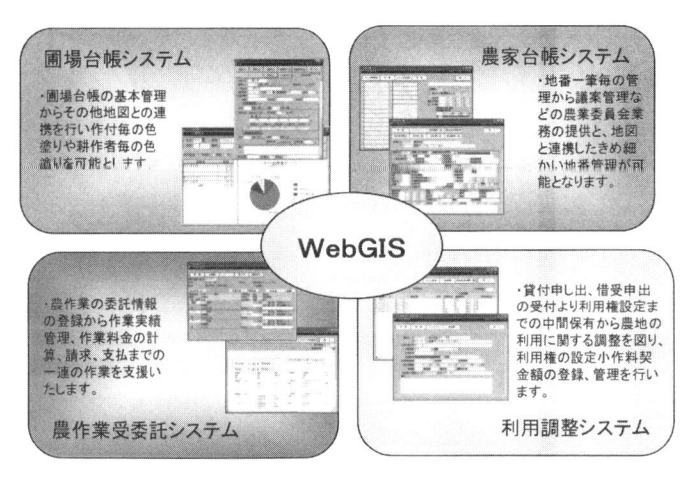

図4　農用地図情報システムの体系
（提供：（財）栗山町農業公社）

これらの問題の解決と農業振興を目的に（財）栗山町農業振興公社を設立し、ほ場図や航空写真などの地図データ、ほ場台帳や農家台帳などの台帳データを統合したWeb対応型農用地図情報システムを構築した。その中で農家台帳システムは農家世帯台帳、農地管理台帳を管理し、土地移動情報も管理する。ほ場管理システムでは作付管理、施肥管理、土壌改良管理、収量管理、病害虫/災害管理も行い、これらの分布図や一覧帳票の出力も可能である。その他、農地の貸付申出、借受申出、利用設定管理を行なう農用地利用調整システム等も含まれている。図4にシステム全体の概要を示す。この情報システムは、栗山町、農業委員会、JA、土地改良区とネットワークで接続されている。これらの情報共有化により、農地情報の的確な利用と活用に効果を発揮している。

第4節　作物モデルによる作物の発育と収量予測

作物モデルは、気温や降水量、日射量などの気象データを利用しながらイネや小麦、野菜などの発芽から収穫までの発育ステージを推定し、生育量や収量の予測モデルとして利用される。これまでに開発された作物モデルは方法論的に分類すると、発育に影響を与える気象的データを中心に用いて発育指数を求める発育モデルと、光合成による同化産物の蓄積と分配をモデリングして、生長に影響する気象データと土壌中の窒素収支や水分収支など情報も組み入れた生育モデルに区分される。一方、作物の生育と気象データの相関関係から重回帰式を作成して推定する収量予測モデルは、簡便であるが利用する気象データが特定の地域に限定されたものであり、外挿的予測が困難である。

1．発育モデル

発育モデルは、有効積算温度や最高・最低気温、日長データを利用して、出芽、花芽分化、出穂、開花、成熟などの発育ステージ（DVS：development stage）を定量的に予測するモデルで、出芽時を0、幼穂形成期または出穂期に1となる発育指数で表す。この発育指数は温度と日長の関数である発育速度（DVR：Developmental Rate）から求めるが、通常、気象条件と土壌水の影響も加わるのでDVRも変化する。そのため予めこれらの環境条件下での影響を品種ごとに定式化しておく必要がある。堀江らが開発したモデルSIMRIW（1989）やORYZA1（Ebrahim、2008）は、発育モデルに属する。

2．生育モデル

生育モデルは、その植物体の生育を乾物増加量で求めるが群落総光合成量として取り込んだCO_2から乾物量へ変換してこれをもとに各器官の生育量を逐次予測するモデルと、植物群落が遮断する日射量と生長速度が比例するという関係を利用して乾物増加量を求めて収量を予測するモデルがある。代表的な生育モデルは、WOFOST、SWAP、ORYZA2000、CERES-Rice、CERES-Wheatモデル（J. Eitzingerら、2004）などが挙げられる。

生育モデルは、光合成有効放射（PAR）とCO_2を葉から吸収し、根から吸収した養分と水によって光合成産物を計算して植物の乾物量を算出する。そのプロセスを図5に示す。

生育モデルは、植物の発育プロセスに関与する気象要因の動態をダ

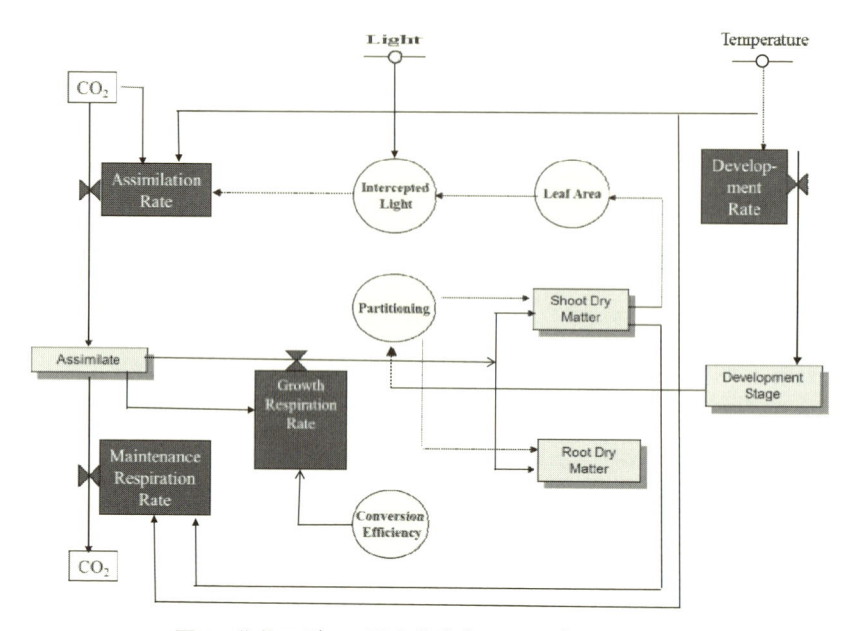

図5 作物モデルの潜在的生産フローダイアグラム

出典：World Food Production: Biophysical Factors of Agricultural Production, 1992

イナミックスモデルとして明示的に示すことができるので、「プロセスモデル」とも「説明モデル」とも呼ばれ、単なる生育の推定だけではなく、各要因の影響度を定量的に評価することが可能である。

3．生育モデルCERES－Riceを用いた水稲収量の予測

水稲生育モデルであるCERES-Rice（DSSATv3.5）を用いて、青森県の1991年から1995年の水稲収量の予測を行った。この地域ではオホーツク海高気圧と偏西風（やませ）の影響で、発育期から登熟期に至るまでしばしば低温と日照不足の異常気象（冷害）に見舞われ、発

表1　水稲品種の遺伝的パラメータ

品種	P1	P2R	P5	P20	G1	G2	G3	G4
まいひめ	190	35	360	15	55	0.025	1.00	1.00
むつほまれ	220	35	420	15	55	0.023	1.00	1.00
つがるロマン	220	35	510	15	55	0.028	1.00	1.00

注）P1 ：基本栄養成長相（出芽から非感光相まで）の積算温度GDD（Growing Degree Days）（基準温度＝9℃）
　　P2R：限界日長を超える日長1時間当たりの遅延積算温度GDD（同上）
　　P5 ：登熟初期（開花後3～4日後）から成熟までの積算温度GDD（同上）
　　P20：限界日長
　　G1 ：開花時の主稈乾物重1g当たりの潜在小穂数係数
　　G2 ：制限事項のない環境での1粒重
　　G3 ：IR64に対する分げつ係数
　　G4 ：温帯・熱帯間係数でジャポニカは1.0あるいはそれ以上

育不良や障害不稔、登熟不良などが頻発している。特に1993年の大冷害時には東北地方全体の作況指数は56まで低下し、青森県、岩手県、宮城県、福島県の太平洋側では収穫量0kgという市町村も続出した。これらの冷害は異常低温と日照不足によるものであるが、この両者が同時に影響する場合もあれば個々に影響する場合もある。そこで生育モデルを利用して各年の気象要因から水稲の発育や収量を正確に予測することができれば、気象環境に対する水管理や施肥、防虫等の適切な管理・対応が可能である。検討した品種は「むつほまれ」、「まいひめ」、「つがるロマン」の3品種で、気象データは最寄りのアメダス観測地から毎日の最低気温、最高気温、降水量、日照時間を利用した。推定した品種の遺伝的パラメータは表1に示したとおりである。

　これらの品種パラメータを利用して水稲の収量予測を行った。品種ごとに得られた実測値と予測値は図6のとおりである。

　以上の結果から、作物モデルでの予測値は各年度の実測値の変動によく近似していた。特に、1993年の冷害は低温と日照不足がイネ収量

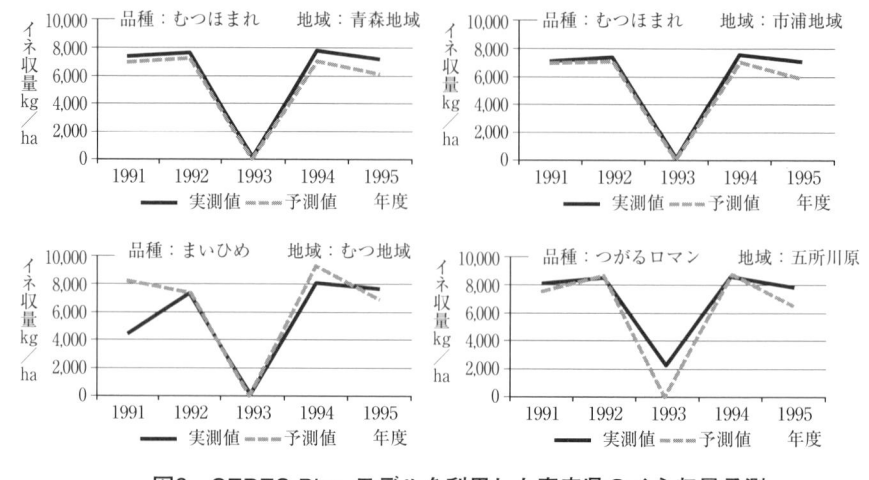

図6　CERES-Rice モデルを利用した青森県のイネ収量予測

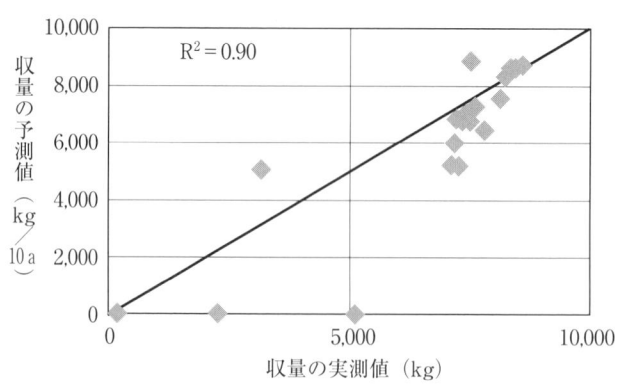

図7　稲収量予測値の精度

に大きな影響を及ぼしたが、モデルでの推定値もこの気象的変動をよく説明できる結果であった。今回の収量予測では1991年から1995年までの5年間に青森県の7地域から得られた35収量データを利用したが、実測値と予測値の関連は図7に示したとおりである。予測精度を表

す変動割合R^2は0.90と高い値が得られたことから、作物モデルを利用することにより気象的変動要因の収量への影響を定量的に評価できることが確認された。図中左下の実測値より予測値が0kgを示した一部の箇所は、気象的影響で収量を低く予測したモデルの計算プロセスに当該地域の土壌栄養分の情報が充分に反映されなかったことが原因と考えられる。

第5節　IT活用の評価

　広域における土地利用状況や生育状況、土壌肥沃度の把握は、精密農業の重要な技術であるリモートセンシング技術が向上した結果、データの取得が大変容易になりかつ精度も高くなっている。これらの情報をGISに蓄積してほ場管理台帳を作成し、農地情報の共有化を進めることによって、土地利用率の向上や耕作放棄地の減少が期待される。そのためには農家や行政、関係機関も含めた地域の情報ネットワークシステムや意思決定支援システムの構築が重要である。

　作物の生産性や収量の予測については、リモートセンシング技術による広域での推定誤差は20%～10%といわれているが今後ますます精度の向上が期待される（岡本ら、1998）。しかしながら単収など狭い範囲での推定では、気温や日射量などの気象要因や土壌条件の影響が大きいため、作物モデルの利用が有効である。また近年の異常気象や地域的な発育ステージの違いなども考慮した収量予測にも作物モデルの活用が期待される。

参考文献

［1］農林水産統計（2009）「平成20年農作物作付（栽培）延べ面積及び耕地利用率」農林水産省
［2］農林水産省（2010）「食料自給率目標の考え方及び食料安全保障について」
［3］農林水産技術会議（2008）「日本型精密農業を目指した技術開発」『農林水産研究開発レポート』No.24
［4］田村有希博（2002）「土壌腐植含量を指標とした大豆の一筆圃場内生育量変動予測」東北農業研究成果情報
［5］澁澤栄（2010）「第5世代の精密農業　日本から発信するモミュニティベース精密農業」『特技懇』no.256、pp.31-37
［6］澁澤栄・梅田大樹ほか（2008）「リアルタイム土壌センサーを利用した効率的土壌マッピング手法の開発」『第67回農業機械学会年次大会講演要旨』pp.351-352
［7］Ebrahim Amiri（2008）Evaluation of the Rice Growth Model ORYZA2000 Under Water Management, Asian Journal of Plant Sciences 7(3), pp.291-297
［8］Eitzinger, J., M. Trnka, J. Hösch, Z. Žalud, M. Dubrovský（2004）Comparison of CERES, WOFOST and SWAP models in simulating soil water content during growing season under different soil conditions, Ecological Modelling, 171, Issue 3, pp.223-246
［9］岡本勝男・川島博之（1998）「リモート・センシングを用いた地球規模の穀物生産量推定法の動向」『システム農学』14巻1号、pp.13-25

第7章
加工・流通段階における主体間の連携に関する考察
―国内冷凍野菜製造業者と大手冷凍野菜開発輸入業者を対象に―

菊地　昌弥

第1節　課題の設定

　周知のとおり、食品産業にとって国内農業は原料の供給元であり、一方の国内農業にとっても食品産業は重要な販売先となっている。それゆえ、食料自給率の向上にむけて両者の連携は不可欠であるとの指摘が『食料白書』でもなされる等[1]、この課題への対策として取引関係にある主体間の連携に注目が集まっている。

　販路を見据えたうえで戦略を模索することは、実態を伴っている点で説得力がある。ところが、販路となる食品産業自体が低迷している場合、単にこの視点に基づいたとしても国内農家は売上の増加や安定した収益の獲得等、期待した成果を得ることができない。ちなみに、最終ユーザーである外食産業市場および小売市場が低迷し、そこへ商品を販売する食品加工企業や卸売業者も厳しい状況にあることを鑑みると、むしろこのケースの方が多いであろう。

　そうしたことから、食料自給率向上のためには、国内農業とその販売先間の連携だけに注目するのではなく、国内農業の販売先とその販

売先との連携にも注目もする必要がある。敷衍すれば、国産農産物の販売先となる主体が強い販売力を有した強固な取引相手と連携を図り、販売力を維持・拡大させることによって農家および産地を牽引していくモデルも検討する必要がある。ただし、フードシステム論において新山氏が指摘するように[2]、商品的特性、外部条件、企業の形態、チャネル等が品目ごとに異なるため、この分野の研究は品目別に分析を行う必要がある。

このような認識の下、本章では国産冷凍野菜製造業者（以下、国内製造業者）を対象に大手冷凍野菜開発輸入業者との連携について事例分析の結果をもとにそのメリットを検討することを目的とする。この目的の解明は、国内製造業者が供給力を維持・向上させていくにあたり、限りある生産量をどのような機能を有しているチャネルに優先して出荷し、連携を図っていく必要があるのかを検討するうえで有益と考える。

ここで冷凍野菜を対象としたのは、他の品目に比較して熱量は小さいものの、国内流通量に占める国産の割合が１：９と極めて低く、しかも多くの原料（生鮮野菜）を使用する加工品であることが関係している[3]。つまり、国産の割合を高めることができる余地が残っているなか、それを実現すれば、原料を供給する国内農業の収益と食料自給率の向上に少なからず寄与できると考えたからである。また、冷凍野菜開発輸入業者（以下、開発輸入業者）を連携相手として選定したのは、国内製造業者の最大の販路となっているからである。

以下では、まず第２節において事例企業の位置づけと選定理由を述べる。次に第３節では、国産冷凍野菜の生産量の推移を概観し、国内供給力の現状を理解する。それから第３節では、事例分析を通して冷凍野菜開発輸入業者と連携することのメリットを明らかにする。最後

に、第4節では本章のまとめを行う。

第2節　事例企業の位置づけと選定理由

　先述のように本章では大手冷凍野菜開発輸入業者を連携相手として想定した。開発輸入業者は外食企業や大手小売店といった主要なユーザーのニーズおよび食品メーカーが国内で生産する調理冷凍食品に必要な原料を把握したうえで、中国等の海外産地で生産する商品の開発に関与し、それを直接輸入している存在である。そのため、一般的には開発輸入業者は国内農業を衰退させる存在として捉えられている。

　ところが、意外なことに開発輸入業者は国産冷凍野菜の取扱いに関して卸売業者としての機能を有しており、国内製造業者の最大の販路となっている。国産冷凍野菜の一般的な販路は、①国内製造業者→開発輸入業者→食品卸売業者→外食・小売企業、もしくは、②国内製造業者→開発輸入業者→食品メーカー・外食・小売企業といった形態である[4]。ただし、菊地（2008）で言及しているように、開発輸入業者のうち大手の取り扱いは30％程度であり、中小の開発輸入業者を中心にそれ以外のところが支配的となっている[5]。

　本章では、国内有数の大手開発輸入業者である京果食品を事例として取り上げる。同社は日本を代表する中央卸売市場の卸売業者である京都合同青果のグループ企業である。同社は冷凍野菜の輸入量約4万5,000トンの輸入大手である一方で、国産の取扱いも3,300トンと、大手に位置する[6]。同社の国産の取扱経路は上述の①、②が中心的となっている。

　同社を選定したのは、本章の目的を解明するにあたり、興味深い事例と判断したからである。具体的にいえば、国内製造業者との取引に

おいて供給力を維持・拡大していくうえで不可欠と考えられる機能を発揮しているだけでなく、実際に取扱量を急増させているのですでに国内製造業者側にとってもメリットが大きい連携先になっていると考えたからである。機能の詳細については後述するが、取扱量について述べると、国産冷凍野菜の総生産量が2002年から2009年にかけて約9万6,000トンから9万9,900トンへと3,000トン程度しか増加していないものの、同期間中、京果食品は学校給食、生協、冷凍食品メーカー向けに600トンから3,300トンへと2,700トンも増加させている。しかも、その増加分の多くは、スポット的に国内製造業者と取引を行ったものではなく、20年以上も取引を続けている約15の国内工場を中心としている。このことは長い時間をかけて供給力を維持・発展させていることを意味しており、食料自給率向上の点からみても注目に値するといえよう。

第3節　脆弱な国産冷凍野菜の供給力

では、国産冷凍野菜の供給力はどのような状況にあるのだろうか。図1は生産量が特に多かった1994年から2009年にかけての主要な国産品目の生産動向について示している。これをみると、中国産冷凍野菜の残留農薬問題が発生した2002年を境に、2つの段階に分けることができる。

1つは、1994年から2001年までの衰退期である。2001年の総生産量をみると、1994年比で24.5％も低下している。品目別にみると、フレンチフライポテト、ほうれんそうの減少幅が特に大きく、同期間においてそれぞれ、56.5、49.0、47.2％も減少している。そして、これに連動するように国内の冷凍野菜製造工場数も1994年の89工場から2001

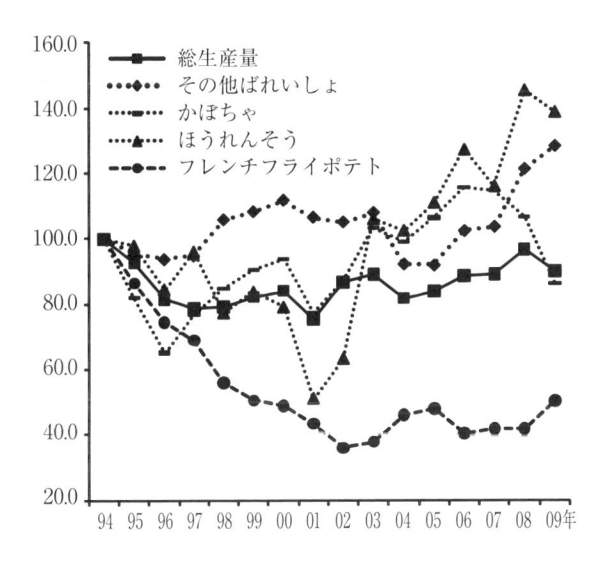

図1　主要国産冷凍野菜の生産動向

資料：日本冷凍食品協会「冷凍食品に対する諸統計」各年版より作成。
注：1）1994年の実数を100.0とした。
　　2）1994年の総生産数量は約11万トンであった。そのうち、数量が最も多いのは、その他ばれいしょで約2万1,000トン、次いでフレンチフライポテト1万8,000トンとなっていた。また、かぼちゃは1万4,000トン、ほうれんそうは約7,000トンであった。

年の79工場へと減少している[7]。一方、この期間において輸入量は50万トンから83万トンへと33万トン増加している。

　こうした傾向がみられたのは、冷凍野菜の主要なユーザーである外食産業が成熟期を迎え、大手外食企業を中心に低価格を重視したので、食材コストの低い輸入野菜を必要としたからである。このことを裏付けるものとして、日本フードサービス協会が実施した「外食産業経営動向調査報告書」がある。これによると、1998年の調査ではメニュー価格面での施策としてメニュー価格の据置きを実施した企業の割合が53.3％、メニュー価格の引下げを実施した企業の割合が39.3％、メ

表1　残留農薬問題発生以後における輸入冷凍野菜に対する20〜60代主婦の意識変化

	n = 687	冷凍食品そのものを使用しなくなった	冷凍野菜は使用しなくなった	原産国が日本以外の冷凍野菜は使用しなくなった
20代	65	4.6	15.4	20.0
30代	164	1.2	12.8	25.6
40代	173	−	8.1	30.6
50代	171	3.5	9.9	28.1
60代	114	7.9	8.8	31.6
平均		2.9	10.5	27.9

資料：日本冷凍食品協会「冷凍食品に関する消費者調査報告書」より引用。
注：上記のアンケートは2003年10月に実施されたものである。

ニュー価格の引上げを実施した企業の割合が6.6％となっている。しかし、2000年の調査ではメニュー価格の据置きを実施した企業の割合が43.9％、メニュー価格の引下げを実施した企業の割合が47.2％、メニュー価格の引上げを実施した企業の割合が5.7％となっており、メニュー価格の引下げを実施した企業が増加する一方で価格を据置いた企業が減少している。こうした結果、国内流通量に占める国産と輸入の比率は、1994年から2001年にかけて2：8から1：9へと、その差がさらに拡大した。

　もう1つは、2002年からの回復期である。同年から2009年にかけての推移をみると、中国産冷凍野菜の残留農薬問題が顕在化した2002年を境に、国産の生産量に回復の兆しがみられるようになってきた。例えば、1996年から2001年にかけての国産平均総生産量は約8万8,000トンであったが、2004年から2009年にかけては約9万9,000トンと、1万トン以上増加するようになった。この背景には、輸入食品の安全問題に起因した消費者の食に対する意識の変化が関係している。表1は残留農薬問題発生以後における輸入冷凍野菜に対する20〜60代主婦の意識変化の状況を示している。これをみると、世代に関係なく

				(%)
原産国が中国の冷凍野菜は使用しなくなった	特に変わりなく使用	冷凍野菜をもともと使用していない	その他	不明
20.0	24.6	12.3	3.1	—
30.5	11.0	12.8	6.1	—
31.2	11.6	13.9	4.0	0.6
24.0	4.7	25.1	4.7	—
22.8	5.3	21.1	2.6	—
26.8	9.9	17.5	4.4	0.1

国産以外の冷凍野菜を使用しない割合と、輸入冷凍野菜のなかで最も輸入量の多い中国産を使用しなくなったという割合が高くなっている。また、これまで輸入品との価格差が大きい品目ほど生産量は減少するという状況にあったのが、同期間ではこれらの間には関係がみられなくなっている[8]。

　ところが、ここで認識せざるを得ないのが脆弱な国産冷凍野菜の供給力である。国産冷凍野菜の供給力は、残留農薬問題に起因する「国産回帰」という追い風が吹いているにもかかわらず、それでも2009年の総生産量はピーク時の90％程度にとどまっている。しかも、2005年から2008年まで増加傾向で推移していたのが2009年には減少に転じてしまい、すでに上昇の伸びに陰りがみえている。そして、製造工場数も2001年に79工場あったのが2009年には66工場へと15％以上も減少している。

　これらの点を踏まえると、国産の生産量は回復傾向にはあるものの、供給基盤はむしろ低下している。このことは、国内製造業者向けに原料を生産している産地や農家側からみれば、販売先の購買能力が低下

していることを意味している。いうまでもなく、この状況の下では、産地および農家も原料の生産意欲が薄れてしまうことから、相互に衰退し、供給力がいっそう低下する恐れがある。こうした状況のなか、京果食品はどのような機能を発揮しながら取扱量を増加させたのであろうか。

第4節　国内製造業者のメリット

1．生産者主導の価格決定

　第1章ですでに指摘がなされているように、生産者にとって魅力的な価格が実現できなければ生産意欲は低下する。そのため、まずはどのような価格の取り決めがなされているかに注目しよう。

　京果食品へのヒアリングによると、同社と国内製造業者との間ではフードシステム論で一般的に論じられているような川下主導の価格形成がなされておらず、製造業者側から価格の提示を受けた同社が極力それを受け入れる形で取り決めがなされている。同社が値下げ交渉するのは、商品の製造直前に行う主要販路との商談において価格差が同社の企業努力では対応できないほどに大きい場合に限ってのことである。しかも、契約書等で価格についての取り決めは行っていないものの、取引価格は年間を通して一定としている。この点は、大手スーパーがセールの際に頻繁に値下げ要求するのとは大きく異なっている。こうした背景には、(1)品目によって異なるが、一般的に国産の単価が中国産よりも約3倍も高く、販売額の増加に寄与する、(2)主要な顧客に対して優れた品揃え機能を印象付けることが可能、(3)国産製造工場数は開発輸入業者の数に比較して3割程度に過ぎないため、取引が決裂

した場合、新たな仕入ルートを構築することが困難である、ということが関係している。

　国内製造業者に対して価格面で一定のメリットを与えているのは、同社グループが野菜に関する専門的な知識を有しており、国内産地や製造業者を取り巻く環境を熟知していることや長年のつきあいだけが要因となっているわけではない。同社の冷凍野菜の総取扱量は、4万5,000トンにも上る大手であり、多少割高感があっても売り切る販売力も有しているからである。実際、同社は現状の価格設定であっても問題なく一定のマージンを得ながら国産を販売しており、国産プレミアムの発揮による利益の獲得に成功している。

2．情報的経営資源の補完

　既述のように、国内製造業者は最終ユーザーに直接商品を販売しておらず、卸売機能を有した主体を介して広く商品を販売している。そのため、現状を鑑みると、国内製造業者はこれらの機能に依存しながら販路を維持・強化していく必要がある。したがって、情報に明るい販売先と付き合い、市場ニーズを察知しながら商品の製造を行っていくことが不可欠である。

　ここで注目に値するのが、大手開発輸入業者の同業者としての一面である。京果食品は海外のグループ企業等で製造した輸入冷凍野菜を食品卸売業者、食品メーカー、スーパー、生協等の顧客へ販売しているが、一方でこれらから要望を受けて国産も販売している。それゆえ、大手開発輸入業者には、国産品、輸入品の双方について顧客情報および商品情報の蓄積がすすんでいる。

　京果食品と取引にある国内製造業者はこの情報的経営資源を活用す

ることによって、販売量だけではなく製造品目も増加させることに成功している[9]。例えば、京果食品がある大手冷凍食品メーカーから冷凍食品の原料用として国産の冷凍ネギの納品を打診された際、同社は海外でその製造を行っていたことから、製造技術や衛生管理（菌数の抑制）等のノウハウを取引関係にある国内製造業者に供与したうえで商品の製造・購入を実現した（2007年）。こうした点は単なる卸売業者には無い機能であり、大手開発輸入業者特有の機能として注目がなされる。同社は現在の会長が就任して以来、グループ企業内で産地情報や顧客情報等の情報を共有する機会が定期的に設けられており、その情報量は一層蓄積される傾向にある。

3．欠品・在庫リスクの緩和

　前述のように、国内製造業者の供給力は低下しているうえ、図1からも理解できるように生産量の増減が大きいという特徴がある。一方、周知のように最終ユーザーである外食企業や小売企業では年間を通じて安定した数量と価格を志向する[10]。そのため、両者には大きなミスマッチが存在している。いうまでもなく、大口の実需者を販路の中に組み込んでおかなければ、安定した販売が困難であり、国内供給力の維持・拡大も不可能であることから、このミスマッチを埋める必要がある。

　こうしたなか、京果食品はこれを埋める機能を発揮している。表1にあるように今日のニーズは、「国産」と「中国産以外」というものであるが、同社は前者に関して北海道、関東、四国、九州といった複数産地の国内製造業者と長年取引をしていることを背景に、ある産地の製造分が不作等で不足すると、他産地からその分を調達し、欠品

を防ぐように取り組んでいる。そして、この対応を講じても補うことができない場合、表1にも示されている「中国産以外」というニーズを満たすべくタイ、ベトナム等、中国産以外の産地の自社商品を手配することによって欠品に対応するとともに、場合によってはグループ会社の力を借りて、国内産地から生鮮野菜（加工用原料ではない）を原料として調達し、それを国内製造業者のところへ運び込むといった対応をとることによって欠品を防いでいる。

さらに、同社は在庫リスクに対しても対応を講じている。小売店や外食企業は、実際の発注数量が計画数量に満たないとき、残りの契約数量を引き取らないことがある。このようなとき、京果食品と国内製造業者との間でこの分の在庫を負担し合うのではなく、同社が国内製造業者から在庫全量を引き取ったうえでその処分（販売）を行っている。これは、上述のように販売力が背景にあり、冷凍野菜総取扱量の10％にも満たない国産の、しかもレアケースに生じる在庫量はそれほどまでに大きな負担とはならないことがあげられる。

上述の欠品・在庫リスクは、供給力が脆弱な国内製造業者にとっては大きな負担であり、これが取引先に転売できるということは経営上大きなメリットとなる。

第5節　まとめにかえて

本章の目的は国内製造業者を対象に大手冷凍野菜開発輸入業者と連携することのメリットを解明することにあった。統計資料の分析および事例分析の結果、事例企業は国内供給力が停滞するなか、国内製造業者に対して生産者主導の価格決定、情報的経営資源の補完、欠品・在庫リスクの緩和といった大手開発輸入業者だからこそ実現できるメ

リットを発揮していた[11]。

　これらのメリットは国内製造企業の供給力向上に寄与するものであることから、食料自給率向上の観点からも有益なものであると判断される。したがって、「国産回帰」という追い風が吹いていることを背景に、少しでも高く買ってくれる販路にスポット的かつ分散して販売するよりも、限りある生産量を現状において30％程度でしかない大手開発輸入業者向けに優先的に集中して供給し、自身の供給力を維持・向上させていくことが望まれる。

　なお、国内製造業者は供給力の向上にあたり販路の選択と集中だけを行えばよいというわけではない。供給力を維持・向上していくうえで不可欠な原料の調達力についても国内産地と連携し、強化していくことが必要である。ちなみに、京果食品の取引先の国内製造業者では、農協を介して調達する方法から生産法人と直接契約して調達するような取り組みをみせているものの、それでも一部の品目では国内の加工野菜用産地の供給力の低下が著しく、契約数量の半分程度しか商品を調達できない事態が生じている[12]。ただし、国内産地の供給力の問題に対しては、個別企業の対応だけでは困難な部分がある。そのため、行政側からも米生産から加工用野菜への転作を奨励する等の協力が不可欠であり、官民一体での取り組みが望まれる。

注
1）農林水産省『食料・農業・農村白書』平成19年度版。
2）引用・参考文献［2］。
3）2009年の割合である。また品目によって異なるが、冷凍野菜の歩留率は最高でも50％程度である。
4）日本冷凍食品協会および事例企業へのヒアリングによる（日本冷凍食品協会への確認日は2010年8月25日、事例企業への確認日は2010年8

月23日である)。
5) 詳しくは引用・参考文献［1］を参照。この成果で取り上げている大手開発輸入業者は7社である。
6) 2009年の実績である。なお、これまで実施してきた開発輸入業者へのヒアリングを踏まえると、輸入量1万5,000トンを超える企業は大手に位置付けられる。ちなみに、最大手はニチレイの約7万トンであるが、なかには自社の冷凍食品向けの原料して使用されるものも含まれている。また日本冷凍食品協会によると、国産を年間3,500トン以上取り扱っている企業は少数とのことであることから、京果食品も大手と位置付けた。
7) 日本冷凍食品協会によると、2007年において国内製造業者は80社程度であり、これらすべての企業は海外で開発輸入をせず、国産の生産だけに特化している。そして、国内で輸入品を買い付けることも行っていないとのことである。
8) 詳しくは引用・参考文献［1］。
9) 2002年から2009年にかけて13品目から15品目へと増加した。
10) 引用・参考文献［3］。
11) 京果食品によると、同社と類似した対応をおこなっているのは、ライフフーズ、ニチレイといった従来から国産品を取り扱う大手開発輸入業者とのことである。
12) 例えば、2009年において徳島県産の菜の花は200トンの契約のうち86トンしか調達できなかった。

参考・引用文献

［1］菊地昌弥（2008）「国内冷凍野菜製造業者と冷凍野菜開発輸入業者の連携に関する考察」『フードシステム研究』通巻37号、日本フードシステム学会、pp.25-38
［2］新山陽子（2001）『牛肉のフードシステム―欧米と日本の比較分析―』日本経済評論社

［3］藤島廣二（1997）『輸入野菜300万トン時代』家の光協会

第8章
土地利用型作物をめぐる技術革新のポテンシャリティ

小塩　海平

はじめに

　経済のグローバル化が農業分野においても進行する一方、国内における農業従事者は減少の一途をたどり、担い手の高齢化も大きな問題となっている。このような状況の中で食料自給率を向上させるためには、水稲品種の多様化や新たな機械の開発による作業の省力化、直播栽培などによる規模拡大と生産コストの削減、水田の周年的な利用を目指した合理的な輪作体系の確立など、とくに土地利用型作物栽培における画期的な技術革新が必要不可欠である。本章では、まず土地利用型作物の基幹ともいうべき水田稲作における技術革新について紹介し、特に著者が取り組んでいる湛水直播技術の確立に関する研究事例を紹介する。次に水田の周年有効活用を可能とする冬期の作付などに関する取り組みについて明らかにする。

第1節　稲作技術の新展開

1．稲作の多様化

　戦後における日本の稲作研究の最重要課題は、いかにしておいしいコメを十分量確保するのかという点に尽きたのであるが、今日、コメ離れが進むとともに、国際価格への対応が求められており、コメの消費拡大と新需要開発、稲作農業の低コスト化と国際競争力の強化が喫緊の課題となっている。

　1970年代になって、いわゆる「コシヒカリ信仰」ともいうべき状況が出現し、コシヒカリ一辺倒の作付体系が確立されてきたのだが、このことが刈り遅れによる品質の低下、機械や施設の稼働効率の低下を招来し、ひいては規模拡大の制限要因ともなっている。そこで、近年、低アミロース米、高アミロース米、巨大胚米、色素米、低グルテリン米などの付加価値の高い新規形質米が開発され、新たな需要を喚起しつつある。多様な品種が栽培されることにより、作業の分散と機械・施設の稼働日数の拡大が可能となると期待されている。

2．飼料イネ品種の開発

　日本の食料自給率を引き下げている大きな要因の一つは、畜産における配合飼料のトウモロコシを主としてアメリカから輸入していることによる。近年、アメリカでバイオエタノールの生産が盛んになったために飼料価格が高騰していることもあり、イネ発酵粗飼料を活用して飼料自給率の向上を図ることが企図されている。このことは、畜産

物の需要が高まっている一方で、コメの生産調整によって水稲の作付面積を減少させている稲作農家にとって、一石二鳥の打開策を提供するものとなろう。これまでに「クサユタカ」、「クサホナミ」、「夢あおば」、「べにあおば」、「リーフスター」などの専用品種が開発されてきたが、今後さらに収量性が高く、直播特性、倒伏抵抗性、病害虫抵抗性を備えた新たな品種の育成が待たれている。

3. 直播特性を具備した品種の開発

本節では、直播特性の一つとして注目されている苗の屈起力について、著者らの研究成果（Koshio et al., 2010）を紹介したい。

日本を含むアジア諸国では、農村人口の高齢化や都市への人口流出に伴って、稲作後継者が減少しつつあり、米の品質と付加価値を高めると同時に、経営規模拡大や省力・低コスト化を実現する新しい技術革新が強く要請されている。雑草防除の観点から移植栽培が有利なモンスーン気候帯に属するアジアの国々でも、経営規模拡大を目指した直播栽培の導入が図られつつある。日本においても、ガット・ウルグアイ・ラウンド協定後、直播栽培技術の確立は、育苗・田植えの労力を削減する上で急務とされている。

直播栽培には、乾田状態で種籾を播き、生育の途中から湛水状態とする乾田直播栽培と、はじめから水を張った状態で種籾を播く、湛水直播栽培がある。前者は播種作業の能率が高い反面、温暖な地方でないと栽培が難しく、鳥害を受けやすいなどの問題がある。湛水直播栽培は乾田直播栽培に比べて栽培可能な地域は広いが、生育が不揃いになりやすく、根張りが悪くて倒伏しやすいなどの問題がある。カルパー粉衣した種子を湛水土壌に直播きすることによって出芽や苗立ちを安

定化することが可能であるが、直播栽培技術を普及・拡大するためには、カルパーの種籾コーティング技術だけでは不十分であり、直播き適性を持つ品種の開発が不可欠である。直播適性品種は、低温発芽性、低温出芽・苗立ち性、土中発芽性、耐倒伏性にすぐれることが求められている。

　湛水直播栽培における苗立ちに関しては、苗の屈起力が重要な役割を果たしている。三島（1938）は日本の水稲・陸稲を用いて、苗を水平に置いた場合、垂直に回復する能力、すなわち負の屈地性の発現程度が品種によって異なることを報告しており、この能力が倒伏した水稲が回復するかどうかに関係しているのではないかと述べている。そこで著者らはこのような背景を踏まえ、インド型、日本型、ジャバ型などの生態型を含む18の品種を用いて苗の屈起力における品種間差異の調査を行った。

　イネ苗を水平に倒してから50度、70度、90度に起き上がるまでに要した時間の品種間差異の結果を表1に示した。50度に達するまでの起き上がりに関してみると、インド型のKasalath、湖南秈と日本型の神力の屈起力が大きかった。50度に起き上がるまでの時間と50度から70度になるまでの時間との関係を図1に示したが、多くの品種は50度までは起き上がり速度が速く、その後緩やかな変化を示し、その傾向はインド型のDular、Kasalath、柳州苞芽早、日本型のCalrose76、神力、農安で顕著であった。

　一方、インド型の湖南秈、ジャワ型のDam Ngo、日本型の旭、アフリカイネのWO492では、起き上がり速度はほぼ一定していた。インド型の道人橋は他の品種と異なり、ゆっくりと起き上がる特徴的なパターンを示した。起き上がりパターンが特徴的であった農安、WO492、道人橋の3品種の起き上がりとエチレン生成量との関係を

第8章 土地利用型作物をめぐる技術革新のポテンシャリティ

表1 屈起力の程度による品種の分類

かなり強い：Kasalath、神力
　　　強：Dular、柳州苞芽早、湖南籼、Calrose76、農安
　　　中：Surjamkhi、紅血糯、North Rose、旭、日本晴、オワリハタモチ
　　　弱：Chinsurah Boro Ⅱ、Dam Ngo、Daw Dam、WO492
かなり弱い：道人橋

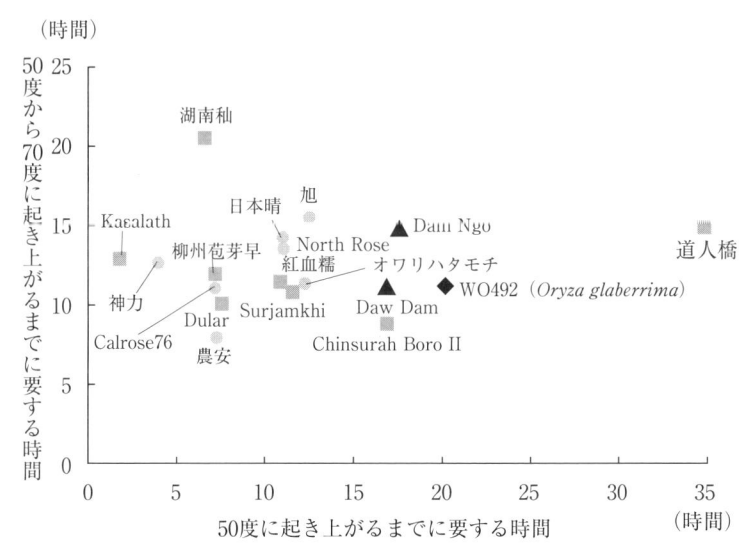

図1　イネ苗の屈起力に見られる品種間差異（Koshio et al., 2010）

調べたところ、いずれの品種も垂直に置いたときよりも水平に置いたときのほうがエチレン生成量が多く、屈起力が大きい品種ほど、特に水平においた場合、エチレン生成量が多くなることが明らかとなった。

これらの実験の結果、イネ苗の屈起力には大きな品種間差異が見られるが、日本型、インド型、ジャバ型の生態型間には明瞭な差異が認められず、むしろ各生態型内で強弱の品種が存在することが明らかとなった。屈起力が最も強かったインド型のKasalathと日本型の神力は、稈長が高いため現時点で直播栽培に適用することは難しいが、直播用

品種を育成するための交配母本として有望であると考えられた。

興味深いことに日本型の直播用品種である米国のCalrose76と韓国の農安は屈起力が強いことが明らかとなった。これらの半矮性品種が直播適性を併せ持つという実験結果は、半矮性形質が、意識的に、あるいは無意識的に屈起力の強さと連動して選抜されてきたことを示唆している。実用的な半矮性遺伝子は、すべて同一遺伝子座 $sd\text{-}1$ に座乗していることがわかっており、著者らの別の研究により、湛水あるいは乾田、カルパーコーティングの有無、播種深度などによらず、直播に悪影響を及ぼさないことが明らかになっている（Koshio et al., 2008）。

4．微細米粉の製造および利用技術の開発

国民一人当たりのコメの消費量は、ピーク時に比べ半減していることが知られており、新たな需要拡大の方途を開発することが強く求められている。戦後、食の多様化・西欧化に伴ってパンや麺の消費が増えたのだが、外国産の小麦を輸入することにより、食料自給率が引き下げられている現状がある。小児の小麦アレルギーが増加していることもあり、粒食ではなく米粉としてのコメの利用に、近年期待が高まりつつある。

従来コメを粉にする手法としては、石臼、ロール製粉、衝撃式製粉、胴搗製粉等が行われてきたのだが、いずれも小麦粉に比べて粒子が粗く、利用特性に劣るという難点があった。そこで二段階製粉技術や酵素処理技術が検討され、前者は団子などの和菓子をはじめ、カステラやロールケーキなどに、後者は米粉パンの製造などに利用が見込まれている。

第2節　水田の周年的な利用を目指した合理的な輪作体系の確立

1．冬期における水田の有効利用

　日本における水田の耕地利用率は93％であるが、約250万haの水田のうち、冬期に作付が行われているのは約20万haと1割にも満たない状況である。

　そこで、ハギ、ナタネなどの冬作物で付加価値の高い新品種を育成し、作付拡大を図る取り組みが始まっている。これまでに製麺特性の優れた「ふくさやか」、「さぬきの夢2000」、製パン特性の優れた「キタノカオリ」などが育成されてきたが、ここでは、2009年に登録された新品種である「さとのそら」について解説したい。

2．小麦新品種「さとのそら」

　政府は2007年にビール用の二条大麦をのぞく麦類について、品目横断的経営安定対策の対象品目に指定しており、交付金制度を創設した。2008年には「水田・畑作経営所得安定対策」と名称を変更し、翌2009年には「水田等有効活用促進対策事業」や「需要即応型生産流通体制緊急整備事業」を創設している。これらの制度を活用し、水田の周年的有効利用を図るためには、現在、国産シェアが1％程度にとどまっているパン・中華麺用途向け高品質小麦品種の育成が不可欠である。

　これまでの主力品種は1944年に育成された「農林61号」であり、これに代わる通常アミロース含量品種はなかなか育成されてこなかった。しかし、「農林61号」は熟期が遅く倒伏しやすい欠点を持ち、コムギ

縞萎縮病に弱く、茎立ちが早いために凍霜害を受けやすいなどの不安定要素を抱えていた。2009年3月に農林認定品種として登録された「さとのそら」は関東・東海の水田二毛作地帯に適した早生多収の高品質品種として注目を集めている。

　これまで検討した結果、「さとのそら」は「農林61号」に比べて収穫時期が3～4日早く、短稈のため倒伏しにくく、収量も多いことがわかっている。またコムギ縞萎縮病や凍霜害にも強く、製粉・製麺適性が「農林61号」よりもやや優れており、すでに埼玉県、群馬県、茨城県では奨励品種に採用されている。今後は、タンパク質含量を確保するために、生育後期まで葉色を維持する「あとまさり型生育」を実現できる施肥体系の構築が検討課題であり、茎立ちが遅い特性を活かした早播き栽培が可能かどうかと併せて、現在、実証試験が行われている段階である（図2）。

3．効率的な土地利用を目指した地域別輪作体系の構築と対応技術

　農林水産省農林水産技術会議が2007年にまとめた「水田・畑輪作大系を進める効率的な新技術」においては、1．水田輪作体系に関して、(1)不耕起栽培を主体とした水稲・麦・大豆の省力的水田輪作体系、(2)湛水直播水稲を基軸とした水田輪作体系、(3)寒冷地水田への麦、大豆の導入体系、2．畑輪作体系に関して、(1)北海道における畑輪作体系、(2)暖地・温暖地の畑輪作体系における新技術、について項目別に解説されている。このように地域別に効率的な輪作体系を構築し、かつ規模拡大を図り、生産コストの低減を可能とするためには、個々の作物だけを対象とするのではなく、一貫した輪作体系の中で省力化と合理化、汎用化と効率化をめざすことが必要である。

図3は、このような新しい輪作体系に汎用的に対応できる不耕起播種機の写真である。

この播種機は、水稲、麦、大豆のいずれの播種でも可能なディスク駆動式の播種機であり、アップカット方向に回転する作溝ディスクにより、前作物の残渣を裁断すると同時に、排水性に優れるY字型溝を作成し、ダブルディスクで播種を行ったあと、覆土・鎮圧を行うことができ、労働競合を避ける新しい技術として注目を集めている。

おわりに

土地利用型作物をめぐる技術革新のポテンシャリティについて概説してみたが、このような新技術を現場に適用し、実際に食料自給率を向上させるためには、産官学の密接な連携体制が必要であることはいうまでもない。このような新技術が、食料自給率を向上させつつ、さらに農家経営を安定させ、環境の保全にも貢献することができるよう、あらゆる知識を結集することが必要である。

参考文献

Koshio et al.（2010）Varietal difference of negative gravitropism in rice seedlings and involvement of ethylene production in its mechanism. ISSAAS 16：40-47

Koshio et al.（2008）Effects of Semidwarfing *sd*-1 Alleles on Emergence and Establishment of Rice Seedlings under Different Sowing Conditions in Direct Sowing Cultivation. Tropical Agriculture and Development 52:63-68

Mishima T.（1938）Varietal difference in the degree of uprising ability expression of rice seedlings（*in Japanese*）. *Agriculture and*

Horticulture 13: 2238-2240

農林水産省農林水産技術会議（2007）「水田・畑輪作大系を進める効率的な新技術」『農林水産研究開発レポート』No.19

高橋利和ら（2010）「小麦新品種「さとのそら」の育成」『群馬県農業技術センター研究報告』第7号：1-12

図2　小麦新品種「さとのそら」（著者撮影：2010年6月1日）
左が「さとのそら」、右が「農林61号」。「さとのそら」の方が草丈が短い。

図3　水稲、麦、大豆のいずれの播種でも可能な
ディスク駆動式汎用不耕起播種機（著者撮影：2010年10月28日）

第9章
ムギ類(コムギ)の増産に向けた技術的課題

丹羽　克昌

はじめに

　平成22年版の「食料・農業・農村白書」によると、農林水産省は、国内生産の面での取組として食料自給率の向上の要となるのは、水田を余すところなく活用し、主食用米以外の作物、たとえば、ムギ、ダイズの増産を図ることであると指摘している。コムギの収量を現在より上げるために、何ができるのかをここで考えてみたい。増収を目的としたとき、おおまかに栽培学的な技術の改良と育種学的な品種の改良があると考えられる。ここでは、とくに育種学的な品種の改良に的を絞って考察してみたい。

第1節　コムギと「緑の革命」

　「奇跡のコムギ」といわれたメキシコ半矮性コムギが、ボーローグによってメキシコの国際トウモロコシおよびコムギ改良センター(Centro Internacional del Mejoramiento de Maiz y Trigo：

CIMMYT）で育成された（図1）。このコムギの半矮性という形質はわが国の「農林10号」という品種によってもたらされたものである。この品種の半矮性という形質は、4B染色体と4D染色体の短腕上にある、それぞれ、$Rht\text{-}B1b$と$Rht\text{-}D1b$と命名された劣性遺伝子によって発現する。最近では、この半矮性をコントロールする遺伝子がクローニングされ、植物ホルモンの一つであるジベレリンの生合成に関わっていることが明らかにされている（Peng et al., 1999）。ボーローグが育成した半矮性品種はメキシコのみならず、インド、パキスタンなどの低緯度の発展途上国に広く普及し、食糧増産に大きな成果をあげた。これは、「緑の革命」と呼ばれる。この功績により、ボーローグは農学者としてはじめて1970年にノーベル平和賞を受賞した。しかし、この半矮性品種は充分な肥培管理によってはじめて充分な能力を発揮するので、多量の化学肥料や農薬を使える富農のみがこの品種の恩恵を受けた。

第2節　わが国のコムギ生産の現状

　1996年におけるわが国のコムギの作付面積は15.9万ha、収穫量は47.8万トン、10 a 当たりの収量は302kg/年であった。2006年には、わが国のコムギの作付面積は21.8万ha、収穫量は83.7万トン、10 a 当たりの収量は384kg/年となっている（米麦データブック、2007）。このように、1996年と2006年を比較すると、コムギの作付面積は約1.4倍、収穫量は約1.8倍、10 a 当たりの収量は約1.3倍となっていることがわかる。

　ちなみに、海外を見てみると、2001年から2007年では、イギリスでの10 a 当たりの収量は771kg/年である。これは、世界の国々の中で

最高であり、世界の国々の平均は278kg/年となっている（Rudd, 2009）。このことは、わが国の10a当たりのコムギの収量もさらに改善できる余地があることを示唆している。

第3節　日本におけるコムギ育種の目標

　日本におけるコムギの高度な育種技術は1960年代から発展し、集団育種法（1960年代から現在）、突然変異育種法（1960年代から1970年代）、世代促進法（1980年代から現在）、半数体育種法（1980年代から現在）が利用されている。2000年の時点では、農林1号から農林148号までの品種が農林水産省に登録されている（Hoshino et al., 2001）。

　日本では、冬コムギの収穫が梅雨期にあたるため、コムギ種子の品質の低下を招く。このため、穂発芽しにくい品種やまた梅雨期以前に収穫できるように早生品種の育種が行われてきた。

　日本のコムギ品種は、主に「うどん」として利用される。うどんに適した品種は、製粉歩留まりが高いこと、光沢のある黄白色の粉であること、アミロース含量が少ないこと、タンパク質含量が中程度（10%）であることが、要求される。このうち、アミロース含量が低下した品種が精力的に育成されている。

　他には、とくに赤さび病、赤かび病、縞萎縮病、うどんこ病に対する抵抗性の品種が育成されている。

第4節　倍数性育種法の利用による増産

　栽培植物には、多くの倍数体が含まれていることが知られている。ある植物が生活環を全うするのに必要であるすべての染色体群をゲノ

ムと呼び、イネ、トウモロコシ、オオムギのような栽培植物は、2個持っていて、二倍体という。3個以上のゲノムをもつものを倍数体と呼ぶ。倍数体としての栽培植物が人類にとって有益な点は、倍数体になった植物はもとの植物に比べて巨大化するという点である。ただ、倍数性が上昇すればするほど、巨大化が進行するわけではなく、経験上、六倍体や八倍体で巨大化の傾向は落ち着く。2種以上の植物から由来したものが異質倍数体であり、1種の植物の染色体倍加に由来したものが、同質倍数体である。異質倍数体としては、パンコムギ、マカロニコムギ、タバコ、ワタなどがある。同質倍数体としては、サツマイモ、ジャガイモ、バナナなどがある。これらの倍数体は、いずれも近縁の二倍体より巨大化しているため、人類が利用する器官の増収が見込める。

　倍数体の利用によって人工的に育成された作物は、ライコムギ（マカロニコムギとライムギ）、ハクラン（ハクサイとキャベツ）、ノリアサ（オクラとトロロアオイ）が有名である。ライコムギとハクランの場合は、それぞれの両親の優良形質を併せ持つ新作物を育成する目的で実施された。ノリアサの場合は、糊分の収量が、その片親のトロロアオイの数倍にもなるという。

　コムギ（パンコムギ、六倍体）の起源は、充分解明されている。栽培のマカロニコムギ（四倍体）と野生のタルホコムギ（二倍体）が交雑し、F_1雑種で非還元性の花粉と非還元性の卵が形成され、それらが受精した結果、誕生したのである。マカロニコムギとタルホコムギは容易に交雑でき、そのF_1雑種（図2）を自家受精することによって人為的にパンコムギを育成することができる（Matsuoka et al., 2007, Niwa et al., 2010, Zhang et al., 2008）。メキシコのCIMMYTでは、多数のマカロニコムギと多数のタルホコムギから430系統のパンコムギ

を人為的に育成し、その病害抵抗性を調査している（Mujeeb-Kazi et al., 1996）。他にも、人為的に合成したコムギの生物学的ストレス（病害虫）に対する抵抗性や非生物学的ストレス（乾燥、塩、水分、微量元素、高温）に対する抵抗性の検定が進められている（Trethowan and van Ginkel, 2009）が、人為合成コムギの収量に関しては、現在進められていない。現存のパンコムギ品種にはなかった形質をマカロニコムギやタルホコムギからパンコムギに導入するために倍数性育種法を利用できるし、また、倍数体では植物の巨大化も期待できるので、それに伴い子実の増収も期待できる。したがって、大規模に人為合成コムギを育成し、その収量を評価する価値は充分にある。

第5節　雑種強勢育種法の利用による増産

雑種強勢は、F_1雑種がその両親より生育力が旺盛になるという現象を利用した育種法である。トウモロコシやイネでは、ハイブリッドコーンやハイブリッドライスとしてマスコミに取り上げられることもある。F_1雑種の種子の品質が悪いことや赤かび病に対する抵抗性がないことを理由に、農林水産省の試験場において、雑種強勢を利用した高収量コムギ品種の開発が行われて来なかった（Hoshino et al., 2001）。アメリカでは、民間数社の種子会社がハイブリッドの開発を進めたが、ハイブリッドの生産性が際だって高くなく、普及率は1％以下に留まり、今のところ成功したとはいえない（山田、2007）。

コムギは、自殖性作物のためにF_1雑種種子を大量に得ることは困難である。通常、タマネギ、ニンジン、イネ、ヒマワリではF_1種子を得るためには、細胞質雄性不稔性と呼ばれる遺伝学的な現象を利用する。コムギでも細胞質雄性不稔性の開発とF_1雑種の形質評価が行われて

いるが、実用化されるには問題点も多い（常脇、1985　Murai, 1998）。もっと農林水産省の試験場レベルで大規模に開発に取り組む価値は大いにある。

第6節　遺伝子工学的手法の利用による増産

　イネでは、1997年に始まったイネゲノムプロジェクトきっかけとして、子実収量に関わる形質の遺伝子が決定されてきた。現在までに、分げつ数、種子数、種子の大きさ、草丈に関わる遺伝子が同定されてきた（Sakamoto and Matsuoka, 2008）。イネの染色体上での遺伝子の配列は、同じイネ科に属するトウモロコシ、コムギ、アワ、サトウキビ、ソルガムの遺伝子の配列と似通った部分が沢山あることが指摘されている（Moore *et al.*, 1995）。これは、シンテニーと呼ばれている。したがって、イネで同定された収量に関わる遺伝子がコムギに存在する可能性は極めて高く、実際コムギにそれらの遺伝子が存在するのか、また、存在すればそれらが働いているのかどうか明らかにすることも興味深い。さらに、イネで同定された収量に関わる遺伝子を遺伝子工学的にコムギに導入したときのコムギの反応を調査することも興味深い。

おわりに

　現在、コムギの育種プログラムには、分子マーカー利用選抜や倍加半数体法のような新しいテクノロジーが取り入れられている。これらに代表される新しいテクノロジーはコムギの育種を効率化し、コムギの増産をさらに押し進めるに違いない（Rudd, 2009）。

本章では、コムギの増収を図るために、主に、倍数性育種法、雑種強勢育種法、遺伝子工学的手法を取り上げて考察してみた。遺伝子工学的手法による新規のコムギの育成は、実験室レベルでは大いに可能である。しかし、農家に栽培され、消費者に流通することは、今の日本の現状では不可能かもしれない。いっぽう、倍数性育種法や雑種強勢育種法によって育成された品種は、従来からの作物同士の交雑を基盤とした技術であり、安全性に関しては何の問題もない。したがって、これらの方法によって多収の新品種が開発されても、消費者に容易に受け入れられるだろう。

引用文献

[1] Hoshino T, Kato K, Ueno K (2001) Japanese wheat pool. In: Bonjean AP, Angus WJ (eds) The world wheat book, Intercept LTD, Paris, pp.703-726

[2] Matsuoka Y, Takumi S, Kawahara T (2007) Natural variation for fertile F_1 hybrids formation in allohexaploid wheat speciation. Theor Appl Genet 115, 509-518

[3] Moore G, Devos KM, Wang Z, Gale MD (1995) Grasses, line up and form a circle. Curr Biol 5, 737-739

[4] Mujeeb-Kazi A, Rosas V, Roldan S (1996) Conservation of the genetic variation of *Triticum tauschii* (Coss.) Schmalh. (A*egilops squarrosa* auct. non L.) in synthetic hexaploid wheat (*T. turgidum* L. s. lat. × *T. tauschii*; $2n = 6x = 42$, AABBDD) and its potential utilization for wheat improvement. Genet Resour Crop Evol 43, 129-134

[5] Murai K (1998) F_1 seed producion efficiency by using photoperiod sensitive cytoplasmic male sterility and performance of F_1 hybrid lines in wheat. Breed Sci 48, 35-40

[6] Niwa K, Aihara H, Yamada A, Motohashi T (2010) Chromosome number variations in newly synthesized hexaploid wheats spontaneously derived from self-fertilization of *Triticum carthlicum* Nevski / *Aegilops tauschii* Coss. F_1 hybrids. Cereal Res Commun 38, 449-458
[7] 農林水産省（2010）『平成22年版　食料・農業・農村白書』農林水産省
[8] Peng J, Richards DE, Hartley NM, Murphy GP, Devos KM, Flintham JE, Beales J, Fish LJ, Worland AJ, Pelica F, Sudhakar D, Christou P, Snape JW, Gale MD, Harberd NP (1999) 'Green revolution' genes encode mutant gibberellin response modulators. Nature 400, 256-261
[9] Rudd JC (2009) Success in wheat improvement. In: Carver BF (ed), Wheat: science and trade, Wiley-Blackwell, Singapore, pp 387-395
[10] Sakamoto T, Matsuoka M (2008) Identifying and exploiting grain yield genes in rice. Curr Opinion Plant Biol 11, 209-214
[11] 常脇恒一郎（1985）「各作物の細胞質雄性不稔とその利用　コムギ」山口彦之編『細胞質雄性不稔と育種技術』シーエムシー出版
[12] Trethowan RM, van Ginkel M (2009) Synthetic wheat-An emerging genetic resources. In: Carver BF (ed), Wheat: science and trade, Wiley-Blackwell, Singapore, pp 369-385
[13] 山田実（2007）『作物の一代雑種』養賢堂
[14] 全国瑞穂食糧検査協会（2007）『米麦データブック　平成19年版』全国瑞穂食糧検査協会
[15] Zhang LQ, Yan ZH, Dai SF, Chen QJ, Yuan ZW, Zheng YL, Liu DC (2008) The crossability of *Triticum turgidum* with *Aegilops tauschii*. Cereal Res Commun 36, 417-427

第 9 章　ムギ類（コムギ）の増産に向けた技術的課題　129

図 1　CIMMYT

図2　マカロニコムギ（左）、タルホコムギ（右）とそのF₁雑種（中央）の穂

第10章
地力維持に重点をおいた環境保全型農業の実態と課題

入江　満美

はじめに

　農業は土壌に穀類・野菜・園芸作物などの有用な植物を栽培し、また植物を飼料として有益な動物を飼育して、人類の生活に必要な資材を生産する産業である。植物を栽培するとき、その支持媒体となるのが土壌であるが、土壌は地球の皮膚と表現されるほど薄く、温帯や熱帯では一般的に耕作が行われていない傾斜地の土壌の厚さは約30～90cmしかない。土壌1cmが形成されるには300年弱～600年弱かかるとされている。土壌を耕すと、降雨・風などにより、表層の土壌が失われてしまうことがあり、これを土壌浸食と言う。犂を用いた農業での土壌浸食速度が十年で1cm（アメリカの自然資源保全局の設定する土壌浸食許容値）とすると、土壌は数百年から数千年で耕し尽くしてしまうことになる。世界中で土壌浸食は深刻な問題となっており、その対策として不耕起栽培を実施している地域もある。作物を生産すると、人間が食用とする部分の他に食用としない部分、すなわち廃棄する部分（農業廃棄物）が出てくる。この土壌浸食から土壌を守るた

めには農業廃棄物を土壌に戻したり、土壌を覆ったりして土壌を守ることが重要である。農業廃棄物には作物残さの他に、畜産物の糞尿もあるが、これも堆肥化して農地に戻すことにより、肥料成分と有機物の土壌への還元を行うことができるため、土壌の保全のために非常に重要である。土壌にはこの戻された農業廃棄物を分解する土壌微生物がたくさん棲んでいるため、有機物を処理する機能がある。また、還元された肥料成分を有効に作物が利用すれば、化学肥料を削減することが可能になる。

農業の持続性を可能にするために、環境保全型農業を行い、土壌を保全し食料を安定供給することが世界の重要な課題である。

第1節　環境保全型農業とは

環境保全型農業とは、「農業の持つ物質循環機能を生かし、生産性との調和などに留意しつつ、土づくり等を通じて化学肥料、農薬の使用等による環境負荷の軽減に配慮した持続的な農業」のことである[1]。具体的には私たちの食べ残し（食品残さ）や家畜ふん尿や農作物の可食部を除いた農業副産物を原料として堆肥を作り、これを農地に還元して農地の土づくりをし、堆肥の持つ肥料成分を考慮して、化学肥料や化学合成農薬を減らし、農業の持続性を高め、安全性の高い農作物を作る農業である。

環境にやさしい農業で作られた農産物には大きく3つの認証制度がある。

① 【化学肥料と農薬を使用しないで生産された農産物】

　　有機農業により生産された農産物。ただし、有機農業により生産された農産物であっても、有機JAS認証を取得していなければ、

「有機農産物」、「有機」、「オーガニック」と表示することができない。有機農業とは化学的に合成された肥料及び農薬を使用しないこと、遺伝子組換え技術を利用しないことを基本として、農業生産に由来する環境への負荷をできる限り低減した農業のことである。

　【有機農産物】有機JAS規格に従い、禁止された化学肥料や農薬を使用しないで生産され、さらに認定機関の検査を得て認証された農産物である。

② 【化学肥料と化学合成農薬の使用量を半分以下に減らして生産された農産物】
　　化学肥料と化学合成農薬を、50％以上減らして生産された農産物である。

　【特別栽培農産物】「特別栽培農産物に係る表示ガイドライン」の基準に従い、化学肥料と化学合成農薬（※フェロモン剤など一部の化学合成農薬は除く）の使用量を地域での一般的な使用量から50％以上減らし、さらに、確認責任者の確認を受けた農産物である。

③ 【エコファーマーが生産した農産物】
　　エコファーマーが生産した農産物（エコファーマーマークが付いた農産物）とは、土づくりと化学肥料、化学合成農薬の使用低減技術を活用して生産された農産物のことで、多くの場合、化学肥料、化学合成農薬の使用のおおむね20％～30％以上の低減が見込まれる。エコファーマーとは土づくりと化学肥料、化学合成農薬の使用低減に一体的に取り組む計画を作成し、都道府県知事に認定された農業者のことである。

　消費者の安全・安心な農産物への要求は高く、消費者が見てわかる上記の農産物の認証をえて、品質の高い農作物の生産を目指す生産者

が増えている。最も新しいエコファーマーは1999年7月に制定された「持続性の高い農業生産方式の導入の促進に関する法律（持続農業法）」第4条に基づき、「持続性の高い農業生産方式の導入に関する計画」を都道府県知事に提出して、当該導入計画が適当である旨の認定を受けた農業者（認定農業者）の愛称名であるが、その認定件数は2000年3月には12件であったが、2010年3月には196,692件へと増加している[2]が、これは消費者のニーズの高さを反映しているといえよう。

第2節　作物の栄養　化学肥料

1．肥料

　植物を栽培するとき、土壌中に養分が不足すると植物の生育が悪くなる。作物を健全に育てるために養分補給するために使用されるのが肥料である。肥料には化学的に合成し、あるいは天然の原料を化学的に加工して作られる化学肥料と堆肥などの有機質肥料とがある。植物が正常に生育するためには、肥料の3要素といわれる、窒素、リン、カリウムの他、16元素が必須とされている。細胞はタンパク質でできている。タンパク質には、窒素が欠かせない。したがって、農産物の成長には、窒素を含む肥料が必要である。窒素は空気の80%を占めるありふれた物質だが、空気中の窒素ガスはきわめて安定した物質なので、植物はこれを吸収することができない。マメ科の植物（各種のマメやレンゲ草）は根に根粒菌というバクテリアがついていて、これにより空気中の窒素を吸収することができる。化学肥料を作れるようになるまでは、人間や家畜の排泄物を発酵させた肥料が使われてきた。1842年にはイギリスのローズがリン鉱石を硫酸で処理する、リン酸肥料中最も歴史の古い過リン酸石灰の製造を開始した。これが、化学肥

料の始まりである。20世紀初頭まで、窒素肥料としてチリ硝石が広く使われていた。この鉱石からは化学工業の原料となる硝酸も作られており、需要の急増のために掘り尽くされて枯渇すると危惧され、空中窒素を固定する技術の開発が切望されていた。20世紀初めポーランドで生まれたドイツの化学者、フリッツ・ハーバーは、空気中の窒素と、水の電気分解などで得られる水素とを、高温高圧でアンモニアに合成できないかと考え、バーディッシュ社という企業のカール・ボッシュの協力によって、アンモニアの合成に成功した。カール・ボッシュはさらに触媒に改良を加えた。この方法で作られたアンモニアを用いて窒素肥料の硫安が製造されるようになった。このような化学肥料の発明は人類に大きな恩恵をもたらした。

２．有限な肥料

　肥料の３要素のうち、窒素については大気中の80％を占める窒素を固定することができるようになった。しかし、リン及びカリウムは、リン肥料の主原料はリン鉱石、カリウム肥料の主原料はカリウム鉱石で、日本にはその原料がほとんどなく、輸入に依存している。リンは植物の必須元素とされた最初の元素であり、その機能は他の栄養素で補うことはできず、自然界では、リン酸は非常に溶解度の低い鉱石の風化や溶解によって供給される。現在でもリン鉱石のリンの約80％は化学肥料に使われており、数％が家畜飼料添加用、残りの十数％が界面活性剤や金属処理などに使われている。リン鉱石の埋蔵量は少なくないが、採掘しやすい表層にあって品質の高いものが少なくなってきているため、リン資源の枯渇が世界的に懸念されている。アメリカ地質調査所（USGS）の予測の資源量と現在の使用量[3]が変わらないと

仮定すると、リン資源は100年で枯渇すると計算される。過剰な施肥は河川の汚染、地下水汚染、赤潮や青潮など環境汚染を引き起こすため、有限な肥料を植物の利用効率が高くなるように適切に施肥することが重要である。

3．環境に配慮した施肥

　持続可能な農業においては、肥料成分の利用効率を高め、環境への損失や負荷を最小限にするような合理的な施肥及び養分管理技術が必要である。化学肥料の施用効率を高める施肥技術としては、「肥効調節型肥料施用技術」や「局所施用技術」が挙げられる。肥効調節型肥料とは、土壌中での肥料成分溶出を調節・制御し、作物にとって必要な時期に必要な量だけ肥料成分を供給することのできる肥料のことである。①被覆肥料（水溶性の肥料を樹脂などで被覆し、肥効発現の持続期間をコントロールできる肥料）、②化学合成緩効性肥料（化学合成によって作られ、水にほとんど溶けず加水分解や微生物分解によって肥効が現れる肥料）及び③硝酸化成抑制剤入り肥料がある。

　また、現地の土壌を診断し、その土壌の養分の状況や作物の種類を考慮して肥料成分を過不足なく施用することが大切である。肥料成分のうち、窒素の作物による利用効率は、全国平均値で露地野菜と施設野菜を比較すると、露地野菜では施設野菜に比べて施肥窒素量が多くかつ収穫量が少ないため、非吸収窒素量が多く、施用した窒素の利用率も低かったとの報告（西尾、2001）があるが、全体では20～70％で押し並べて50％の窒素利用率であり、施肥方法等には改善の余地があるといえる。

第3節　環境保全型農業の取り組み実態

1．環境保全型農業の取り組み形態

　環境保全型農業の取り組み形態としては①地域の慣行を基準とした化学肥料窒素成分の投入量縮減、②地域の慣行を基準とした化学農薬の投入回数縮減、③堆肥による土づくりがあるが、実際にはどのような方法で農家が取り組んでいるか見てみたい。

　農林水産省が実施した平成13年度持続的生産環境に関する実態調査[4]によると、環境保全型農業取り組み面積を化学肥料・農薬の縮減形態の組み合わせ別にみると、化学肥料・農薬ともに無使用で堆肥による土づくりを行った面積割合は4.1％とすくなく、化学肥料・農薬ともに地域の慣行の半分以上縮減（無使用を含む）で堆肥による土づくりを行った面積割合は22.5％であった。このことから、有機農業の実施割合は低く農業者にとって有機農産物の生産は難しく、特別栽培農産物の生産の方が実施しやすいことが読み取れる。これをさらに部門別にみると、化学肥料・農薬ともに無使用で堆肥による土づくりを行った面積割合では、その他の作物（雑穀、飼料作物等）が18.7％と最も高く、次いで野菜（露地）及び果樹（施設）が3.1％となっている。雑穀・飼料作物は比較的粗放的に栽培できることから環境保全型農業が実施しやすいことを反映している。また、化学肥料・農薬ともに地域の慣行の半分以上縮減（無使用含む）で堆肥による土づくりを行った面積割合では、野菜（施設）が36.2％と最も高く、次いでその他の作物が33.2％となっていることから、農家にとって最も取り組みやすい環境保全型農業は堆肥による土づくりであるといえる。これ

は、これまで使用の経験があることが大きな要因と考えられる。

2．土づくり

　土づくりの方法としては、「堆肥の施用」が68.4％、「緑肥作物の導入」が11.1％となっている。堆肥の施用割合が高いのはその他の作物91.3％をのぞくと、野菜（施設）89.5％、野菜（露地）84.1％、果樹（施設）82.7％である。また、化学肥料の縮減方法では「有機質肥料（堆肥を除く）の施用」の割合が高く、野菜（施設）66.2％、果樹（露地）65.0％、果樹（施設）62.2％、次いで「肥効調節型肥料の施用」は野菜（施設）28.5％、稲作27.4％、いも類（26.4％）が高く、「局所施肥」は稲作16.0％で最も高いが、その他の作物については概ね5％程度の実施率となっており、有機質肥料（堆肥を除く）の施用の実施割合が最も高くなっている。

　農家が主に使用する堆肥は家畜ふん堆肥であるが、家畜ふん堆肥の肥料成分含有率（乾物％）は窒素では最も高い鶏ふん堆肥で3.2％、次いで高い豚ふん堆肥3.0％、牛ふん堆肥で1.9％（中央農業総合研究センター、2003）と、化学肥料の肥料成分含有率に比較して（例えば硫安は21.1％、尿素は46.6％の割合で窒素を含有する）非常に低い。農林水産省基本データによると、農業就業人口260万人の平均年齢は65.8歳、うち65歳以上の全農業就業者に占める割合は61％、これに対し近年注目される新規就農者6.7万人のうち39歳以下はわずかに1.5万人で全農業就業者に占める割合は0.6％であり[5]、農業就業者の高齢化は明らかである。仮に10a当たり15kgの窒素を施用することを考えると、化学肥料の硫安を使う場合は71kgで済むが、牛ふん堆肥の場合は約1.7トンを施用しなければならず、一戸当たりの平均経営面

積（都府県）1.41ha[5]について、同様に施肥する場合、硫安では約1トン、堆肥は約25トンを施用することになる。高齢な農業者が堆肥を土壌に施用することは、重労働であるが、消費者が堆肥を使用した農産物を望む場合、この重労働を高齢者に強いることになる。

3．化学農薬縮減方法

　化学農薬の縮減方法では、「機械による除草」、「マルチ栽培」といった除草剤縮減を目的とした取組の割合が高く、実施した割合はそれぞれ30.9％、18.6％となっている。主位部門別にみると、「機械による除草」は果樹（露地）で56.4％、「マルチ栽培」は野菜（施設）で46.8％、「生物農薬」は野菜（施設）で12.9％、「被覆栽培」は果樹（施設）で39.7％、「フェロモン剤」は果樹（露地）で19.4％とそれぞれ最も高くなっており、「除草用動物」及び「対抗植物」はいずれの部門においても実施している割合はわずかであったことから、農業者はこれまでに経験のある手段で化学農薬縮減を図っているといえる。

第4節　食料自給率向上と食品ロス

1．食料自給率と飼料自給率

　日本の食料自給率（カロリーベース）は先進国中最下位で平成21年度概算値で40％[5]であるが、これは食料安全保障を考えると、非常に心許無い数字である。これは私たちの食料の60％を海外に依存していることになる。平成19年食料・農業・農村白書によると主な輸入農作物の生産に必要な農地面積は1,245万haと試算され[6]、これに対し

我が国の耕地面積は461万ha[5]であることから、自国の耕地面積の2.7倍の農地を海外に依存していることになる。海外に依存している作付面積を上位からみると畜産物（飼料作物換算）399万ha、なたね、大麦など279万ha、小麦208万ha、とうもろこし182万ha、大豆176万haで、畜産物を海外で育てるのに必要な飼料作物の占める割合が最も高く、とうもろこし・大豆も飼料の占める割合が高い。日本の飼料自給率は25％[7]と非常に低く、これを向上することにより、食料自給率を向上することができる。

　ここでは飼料のうち粗飼料自給率向上に牛ふん堆肥を活用した土づくりにより収量増加と牧草品質向上を図った事例を紹介したい。

２．自給飼料生産と堆肥活用

　宮古島は、高温多湿な亜熱帯気候の特性を活かした牧草生産を基盤とする肉用牛繁殖経営が盛んな地域であり、肉用牛繁殖経営は、肥育経営や酪農経営に比べ収益性が低いため、利益を上げるには飼料費や採草地への肥料費等の経費削減が重要である。元々、暖地型牧草の品質は他牧草と比較し、低栄養価難消化性の傾向を示すが、宮古島の場合、牧草栽培での施肥方法がその傾向をより強めている。現在、宮古島での採草地への施肥量は、沖縄県の施肥基準量（$N:P:K=10kg:4kg:8kg/10a$）より不足傾向にあり、牧草の消化率と正の相関にある牧草中の粗タンパク質（CP）が基準値より低い（松谷、2009）。ただ、一般的に牧草中のCPを向上させるためには、現在の化学肥料施用量を増大させる必要がある。したがって、肥料費を増大させずに牧草中のCPを向上させる策が必要である。その方策の１つに、採草地への牛ふん堆肥施用が挙げられる。牛ふん堆肥は、肉用牛飼養

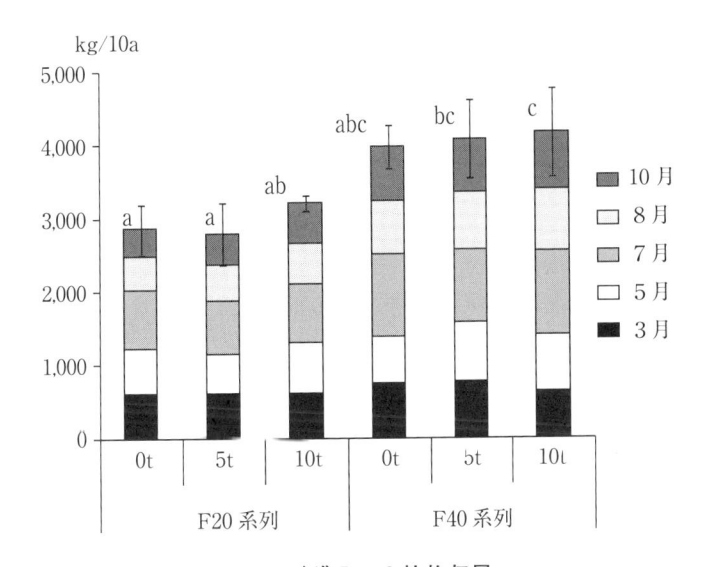

図1 ローズグラスの乾物収量

異なる小文字アルファベット間は5%有意を示す

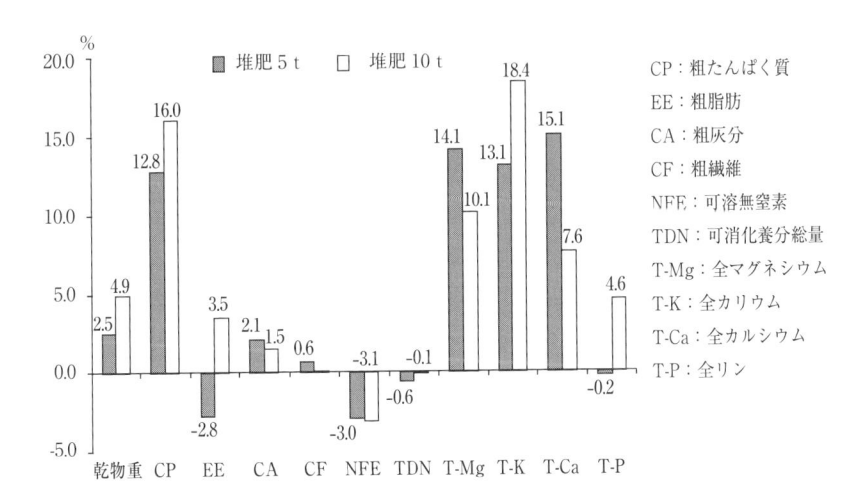

図2 硫安の追肥40kg/10a系列における堆肥施用がローズグラスの生産性およひ品質に与える効果の増減率

CP：粗たんぱく質
EE：粗脂肪
CA：粗灰分
CF：粗繊維
NFE：可溶無窒素
TDN：可消化養分総量
T-Mg：全マグネシウム
T-K：全カリウム
T-Ca：全カルシウム
T-P：全リン

農家にとって無償で獲得できる資源であり、肥料成分の供給が期待できるため、牧草中のCP向上に貢献できる可能性がある。他方、宮古島の農業分野における窒素フローによれば、島外から移入されている窒素量（1544t/yr）の内、化学肥料由来N量が62.8％（970t/yr）、濃厚飼料由来N量が13.5％（209t/yr）を占めており（野村、2008）、宮古島で用水全般に利用されている地下水への窒素負荷を深刻化させている（中西、2008）。このことから、宮古島において採草地へ堆肥施用を行うことは、牛ふん尿の有効利用に繋がるとともに、濃厚飼料移入量および慣行的に施用されている化学肥料量を低減できる可能性があり、地下水への窒素負荷低減に貢献できると考えられる。採草地への堆肥施用が基幹牧草のローズグラスの収量および品質に与える影響について、堆肥施用量を0トン、5トン、10トン/10aの3段階、追肥として施用する硫安量を20kg、40kg/10aの2段階設定し、3×2の2元要因配置と無施肥区の7処理区の3反復計21処理区で行なった。その結果、3〜10月の乾物収量（図1）および追肥として硫安40kg施肥した系列における堆肥施用がローズグラスの生産性および品質に与える効果（図2）より、基肥を堆肥で5〜10トン/10ａ施用し、追肥を40kg/10ａ施用すると、自給粗飼料の収量と品質向上が可能となることが示された（佐藤、2010）。さらに牧草の栄養価が高まるため、島内の繁殖牛約8,000頭に給与される濃厚飼料由来Nの46％にあたる97トン/年を削減可能となり、窒素負荷低減が図られ環境の保全につながると同時に自給率の向上に貢献することが示された。

3．食料自給率と食品ロス

　海外の農地に依存して食料を調達している日本でその食料を無駄な

く食べているかというと、そうではない。日本の食品廃棄物量は1,900万トン[8]（食品関連事業者から1,100万トン発生し、このうち300万トンは製造副産物で有価取引されているため、これを差し引いた800万トンが事業系より発生。一般家庭より1,100万トンが発生）である。一般家庭からの食品ロス[9]率は3.7％で、過剰除去2.0％、直接廃棄0.6％であった[10]。すなわち本来食べられるものを日本人は1年一人当たり15kg廃棄していることを示している。食品廃棄物1,900万トンのうち可食部分と考えられる量は500〜900万トンと推計されており[8]、消費者が買い過ぎない、食べきれる量を作るなど工夫すれば、食品を廃棄する量を減らすことができる。1,900万トンは国内消費仕向け量約1億800万トンの実に18％にも相当する。WFPの2009年度の世界の食糧援助量は460万トン[11]であるから、日本人はその4倍以上の食料を廃棄していることになる。事業系食品廃棄物は約6割が再生利用、約4割が未利用のまま処分されているが、主な再生方法は堆肥化であり、食料を6割も海外から輸入しておきながら、それを食することなく、堆肥化・焼却処分される現状を消費者も知る必要があろう。土づくりに努力して作られた食べ物を残さないようきれいに食べて食品ロスを減らし、その分、国産の食品をより多くとるように心掛けることが、日本人に求められている。

注

1）http://www.maff.go.jp/j/tokei/census/afc/2000/dictionary_n.html（2010年11月5日アクセス）。
2）http://www.maff.go.jp/j/seisan/kankyo/hozen_type/h_eco/pdf/ecofarmer-nintei2.pdf（2010年10月28日アクセス）。
3）U. S. Geological survey（2010）http://minerals.usgs.gov/minerals/pubs/mcs/2010/mcs2010.pdf（2010年11月5日アクセス）。

4）http://www.maff.go.jp/j/seisan/kankyo/hozen_type/h_torikumi/pdf/h13_cyosa_kekka.pdf（2010年10月28日アクセス）。
5）農林水産省基本データ平成21年http://www.maff.go.jp/j/tokei/sihyo/index.html（2010年11月4日アクセス）。
6）http://www.maff.go.jp/j/wpaper/w_maff/h19_h/trend/1/t1_2_1_02.html（2010年10月30日アクセス）。
7）食料需給表http://www.maff.go.jp/j/zyukyu/fbs/other/3-2.xls
8）食品ロスの現状についてhttp://166.119.78.61/j/study/syoku_loss/01/pdf/data2.pdf（2010年10月30日アクセス）。
9）食品ロス量とは家庭における食事で、料理の食材として使用又はそのまま食べられるものとして提供された食品の重量（魚の骨などの通常食さない部分を除いた重量）のうち食品の食べ残しおよび廃棄されたものをいう。
10）平成21年度食品ロス統計調査http://www.maff.go.jp/j/tokei/kouhyou/syokuhin_loss/index.html#r1（2010年11月4日アクセス）。
11）http://www.wfp.or.jp/press/pdf/2010_Ann_Rep_English.pdf

参考文献
［1］佐藤祐輔（2010）「沖縄県宮古島における畜産廃棄物系バイオマスの利活用に関する研究」東京農業大学修士論文
［2］(独)中央農業総合研究センター関東東海総合研究部総合研究第5チーム（2003）「家畜ふん堆肥の現状とその簡易診断法」pp.1-15
［3］中西康博（2008）「南西諸島の石灰岩島嶼における耕種農業と家畜飼育起源の硝酸態窒素による地下水汚染」『日本草地学会誌』vol54、No3、pp.280-285
［4］西尾道徳（2001）「農業生産環境調査にみる我が国の窒素施用実態の解析」『日本土壌肥料学会誌』72、pp.513-521
［5］野村渉平（2008）「宮古島のバイオマス利活用による窒素負荷の低減」東京農業大学修士論文、p.15

［6］松谷達馬（2009）「沖縄県宮古島におけるローズグラス（*Chloris gayana Kunth*）の施肥管理に関する研究」東京農業大学修士論文

第11章
食と農に関する学生の意識の所在
―東京農業大学の学生を対象とした意識調査の結果から―

菊地　昌弥・田中　裕人・金田　憲和

はじめに

　周知のように、わが国において食料自給率の向上は、農業の多面的機能および食料安全保障の観点からも特に重要である。そのため、農林水産省のホームページや書籍等では、多岐にわたる施策の必要性が論じられており、平成22年度の農林水産省『食料・農業・農村白書』(以下、白書) でも、生産面をはじめ、消費面、流通面について施策が説明されている。

　こうした施策の導入・実施には、国民の理解が必要である。なぜなら、国民の理解を得ることができなければ、政策の効果を十分に発揮することが困難だからである。ちなみに、白書においても「食料自給率の向上には政府と関係者の努力が不可欠であるが、その前提として、国民の理解を得ることが重要である」と明記されている[1]。

　先行研究をみると、食料自給率向上に関連する個別の施策については多くの成果が蓄積されている[2]。しかし、多岐にわたる施策に関して、将来を担う世代がどのような意識を有しているのかについては、

十分研究されていない。

そこで本章では、食料自給率向上を目的とした施策全般に関して大学生がどのような意識を有しているのか、また、特にどのような施策を重視しているのかを把握するとともに、その対象となった施策が有する課題について考察を加えることを目的とする。

本章では東京農業大学国際食料情報学部に所属する学生（以下、農大生）を調査対象とする。ここで大学生を選定したのは、近い将来を担う世代であることに加え、自身の判断で主体的に行動を起こすことが可能な存在であるからである。また、農大生を選定したのは、農業に対して強い関心を有しており、なおかつ、卒業後には食料自給率向上のための施策に直接関わる可能性が高い存在なので[3]、こうした層が施策に対してどの程度理解を示しているのかを把握することが特に不可欠と考えたためである。敷衍すれば、もしこのような層にさえ深く理解がなされていないようであれば、施策の重要性を国民に対してこれまで以上にアピールする必要があることを想定したからである。

本章ではまず、われわれの調査の概要を述べる。次に、回答者の農業の多面的機能と食料自給率向上に対する意識を確認し、それから、回答者の食料自給率向上のための施策全般に対する意識を把握する。その後、得られた結果を踏まえながら、数ある施策のなかでも回答者が特に注目している施策を取り上げ、それらが有する課題を考察する。最後に、本章で明らかになったことを総括する。

第1節　調査方法と回答者の属性

東京農業大学国際食料情報学部は国際農業開発学科（以下、開発）、食料環境経済学科（以下、経済）、国際バイオビジネス学科（以下、

ビジネス）の３学科より構成されている。2010年３月現在において学生数は、開発が704名、経済が1,116名、ビジネスが857名の合計2,677名である。アンケート用紙は、各学科の選択必修の講義において配布し、講義の時間を利用して記入を行った[4]。そのため、回収率は100％となっている。回収した部数は、開発173部、経済181部、ビジネス135部の合計489部である。

　回答者の主な出身県は、埼玉県（16.0％）、東京都（15.7％）、神奈川県（10.6％）、群馬県（6.1％）、千葉県（5.1％）となっており関東圏の回答率が高い。また、全体に占める単身者世帯の比率は45.2％であり、約半数が自身で食事を用意する立場にある。

第２節　農業の多面的機能と食料自給率向上に対する意識

　表１は農業が有する多面的機能の重要性について意識調査した結果を示している。この表に記載している「平均値」は、各項目に対して、「強くそう思う」、「そのように思う」、「どちらともいえない」、「そのように思わない」、「全くそのように思わない」の５段階で質問を行い、順に５、４、３、２、１と便宜的に点数を付与して算術平均した結果である。ここでは、多面的機能の具体的内容として「食料を安定生産する機能」、「新鮮かつ安全な食料を生産する機能」、「生物多様性を保全する機能」、「水循環を制御して地域社会に貢献する機能」、「環境に対する負荷を除去・緩和する機能」、「土地空間を保全する機能」、「地域社会を振興する機能」、「伝統文化を保存する機能」、「人間性を回復する機能」をあげた。各項目の平均値をみると、ほとんどが４以上であること、および最も低い項目でも平均値が3.9であることを踏まえると、回答者は農業の多面的機能について全般的にその重要性を

表1　農業の多面的機能の重要性に対する意識

項目	平均値
食料を安定生産する機能	4.6
新鮮かつ安全な食料生産の機能	4.6
生物多様性を保全する機能	4.4
水循環を制御して地域社会に貢献する機能	4.3
環境に対する負荷を除去・緩和する機能	4.3
土地空間を保全する機能	4.2
地域社会を振興する機能	4.1
伝統文化を保存する機能	4.0
人間性を回復する機能	3.9

表2　食料自給率を向上させる必要性に関する意識

項目	回答数	回答率（％）
強くそう思う	338	69.3
そのように思う	97	19.9
どちらともいえない	43	8.8
そのように思わない	6	1.2
全くそのように思わない	4	0.8
合計	488	100.0

認めているといえる。また、「食料を安定生産する機能」の値が最も高いことから、回答者は食料の安全保障の点を重視していると推測できる。

続いて、食料自給率向上に対する意識に着目すると（表2）、「強くそう思う」、「そのように思う」の合計が89.2％にも上っており、5段階評価の平均値でみても4.6と高い数値になっている[5]。

以上の結果から、回答者は農業の多面的機能の重要性および食料の安全保障に深い関心を有しており、なおかつ食料自給率を向上させる必要があると認識していると判断される。

第3節　食料自給率向上のための施策全般に対する意識

次に、こうした特徴を有する回答者が食料自給率向上のためにどのような施策を重視しているかについて検討を行う。表3は食料自給率向上の施策に対する重要性に関して、やはり5段階で評価した結果である。表中の「平均値」の算出方法は表1と同様である。この表では白書および参考文献に記載している成果をもとに27の施策を取り上げている。

これをみると、平均値には2.8～4.5と大きなばらつきがみられる。また注目すべきは4.0以上の高い値を示す項目が「消費者が食品を無駄にしないように心掛ける」(4.5)、「子どもに健全な食習慣を身につけさせる」(4.3)、「子どもに栄養や健康リスクの大切さを教育する」(4.2)、「消費者が地元作物を積極的に利用する」(4.0)、「子どもに農業体験をさせる」(4.0)、「子どもに国産農産物の良さを教育する」(4.0)の6つだけとなっている点であり、回答者が食料自給率向上において重視している施策は必ずしも多くない。さらに施策（食料自給率向上のための）の実施状況に関する意識を同じく5段階評価で確認したものが表4であるが、「施策を講じていると強く思う」、「施策を講じていると思う」の合計は20％に満たない状況となっており、平均値も2.6と極めて低い数値にある。

つまり、回答者は農業の多面的機能の維持や食料の安全保障を意識し、食料自給率を向上させる必要性を感じているものの、重要性に関して高く評価している施策はそれほど多くなく、しかも現時点において十分に講じられていないと判断している。

なお、上述のように、食料自給率向上に対して高い評価を得られた

表3 食料自給率向上の施策に対する重要性の評価

項目	平均値
消費者が食品を無駄にしないように心掛ける	4.5
子どもに健全な食習慣を身につけさせる	4.3
子どもに栄養や健康リスクの大切さを教育する	4.2
消費者が地元作物を積極的に使用する	4.0
子どもに農業体験をさせる	4.0
子どもに国産農産物の良さを教育する	4.0
食品企業が国産農産物を原料として積極的に使用する	3.9
政府が農地転用を規制して農地の減少を防ぐ	3.9
政府が直接所得補償を行い農家を助ける	3.9
政府が国産農産物の安全性を消費者に積極的にアピールする	3.9
農家が穀物等の食用作物を積極的に生産する	3.8
農家・産地が年間を通して価格を安定させる	3.7
農家・産地が年間を通して安定した数量を供給する	3.7
政府が農産物を品種改良等の技術開発を行う	3.7
政府が外食産業で提供される料理の食材についても原料産地の表示を義務付ける	3.7
政府が農地制度などの規制を緩和し、株式会社等が自由に農業できるようにする	3.6
政府が減反をやめて農家が自由に作物を生産するようにする	3.6
政府が加工食品向けの原料産地を育成する	3.6
産地が加工食品向けのニーズに対応できるよう品揃えを充実させる	3.5
農家が飼料作物を積極的に生産する	3.5
農業経営大規模化による生産コストの削減	3.4
農産物の品質を高めて高値で販売できるようにする	3.3
政府が安全性を確認できた遺伝子組換え作物の栽培を国内で許可する	3.3
消費者が中食、外食を減らす	3.0
外国人労働者の導入による生産コストの削減	2.8
消費者が食事メニューを質素にする	2.8
農家・産地が規格をそろえる	2.8

表4 食料自給率向上のための施策を講じているという意識

項目	回答数	回答率（％）
強くそう思う	29	6.0
そのように思う	58	11.9
どちらともいえない	149	30.6
そのように思わない	193	39.6
全くそのように思わない	58	11.9
合計	487	100.0

施策（平均値が4.0以上の項目）は6つあったが（表3）、これらの項目をみると、特に多く出現しているキーワードは「子ども」であることから、そこに焦点を当てた施策に注目し、より積極的に検討すべきであろう。また、「子どもに栄養や健康リスクの大切さを教育する」（4.2）、「消費者が地元作物を積極的に利用する」（4.0）、「子どもに国産農産物の良さを教育する」（4.0）から「安全と安心」に関する施策も同様にあると判断できる。

第4節　国産農産物の安全性に関する施策の課題

　次に「国産農産物の安全性」に関する施策を対象に、それらが有する課題について考察を加えていきたい。

　まず、回答者が国産農産物および輸入農産物の安全性に対してどのような意識を有しているかを把握する。**表5**は国産農産物の安全性に関する意識、また**表6**は輸入農産物の安全性に対する意識を示している。これらによると、国産農産物を安全であると認識している比率（強くそう思う、そのように思うの合計）は、45.4％であるのに対して、輸入農産物の比率（同）は、16.2％になっている。さらに、**表7**から国産農産物と輸入農産物の安全性を比較した際にも、59.8％が国産農産物は輸入農産物よりも安全と意識していることがわかる。これらから、国産は輸入品に対して安全性面で優位性を持っており、これを生かした施策は一定の効果を発揮すると推察される。

　ただし、国産農産物は輸入農産物に比較して高価である。そのため、いくら輸入品と比較して安全性面で優位性があったとしても価格の差異が大きければ消費者は受け入れがたいであろう。そこで、回答者が輸入品との価格差がどの程度であれば国産を志向するのかを**表8**か

表5　国産農産物は安全であるという意識

項目	回答数	回答率（%）
強くそう思う	53	11.0
そのように思う	166	34.4
どちらともいえない	205	42.4
そのように思わない	45	9.3
全くそのように思わない	14	2.9
合計	483	100.0

表6　輸入農産物は安全であるという意識

項目	回答数	回答率（%）
強くそう思う	23	4.7
そのように思う	56	11.5
どちらともいえない	245	50.5
そのように思わない	118	24.3
全くそのように思わない	43	8.9
合計	485	100.0

表7　国産は輸入より安全であるという意識

項目	項目	回答率（%）
強くそう思う	76	15.7
そのように思う	214	44.1
どちらともいえない	163	33.6
そのように思わない	25	5.2
全くそのように思わない	7	1.4
合計	485	100.0

ら把握しよう[6]。

　この表は米、牛乳、牛肉、小麦粉、リンゴ、トマト、キュウリを対象に国産食品の輸入食品に対する価格許容度を示している。これによると、「高ければ国産は購入しない」という意識が最も高くなっているのが、牛肉、小麦粉、トマト、キュウリの4品目であり、「2割高くても国産を選択する」という意識が最も高くなっているのが米、牛乳、リンゴの3品目である。この点から品目によって許容の程度が異

表8　国産食品の輸入食品に対する価格許容度

(単位：％)

	高ければ国産は購入しない	2割高くても国産を選択する	5割高くても国産を選択する	2倍高くても国産を購入する	いくら高くても国産を購入する
米	18.9	43.1	17.2	5.3	15.4
牛乳	25.0	39.1	15.2	5.1	15.6
牛肉	48.0	32.2	12.3	4.1	3.5
小麦粉	54.7	28.3	11.5	2.7	2.9
リンゴ	36.8	39.5	13.6	4.1	6.0
トマト	38.0	35.5	15.8	4.1	6.6
キュウリ	37.7	36.9	16.0	2.9	6.6

注：小数点第2位を四捨五入していることから合計しても100.0にならない場合がある。

なっていることがわかる。また、「5割以上高くても購入する」という項目の比率に着目すると、米37.9％、牛乳35.9％、牛肉19.9％、小麦粉17.1％、リンゴ23.7％、トマト26.5％、キュウリ25.5％となっており、すべての品目において許容する比率が40％以下となっている。すなわち、品目によって程度は異なるが、ここでの回答者のように農業の多面的機能の重要性および食料の安全保障に深い関心を有しており、なおかつ食料自給率を向上させる必要があると認識していても、価格差が5割以内でなければ購入を控える傾向にある[7]。ちなみに、農林漁業金融公庫が全国20‐60代の男女2,000人にインターネットで行った国産食品の輸入食品に対する価格許容度に関する調査では[8]、「3割以上高くても国産を購入する」とした比率は、米32.2％、野菜18.7％、牛肉15.9％、乳製品13.4％となっている。このような価格許容度には、個人の国内農業に対する意識の高さが大きく関与していると考えられることから、国民に国内農業の重要性をアピールすることの意義が窺える。

おわりに

　本章では冒頭で掲げた課題を解明すべく、アンケート調査の結果をもとに考察を加えた。これによって、次の2つが明らかになった。

　第1に、回答者である18～22歳の大学生は、農業の多面的機能の重要性および食料の安全保障に深い関心を有しており、なおかつ食料自給率を向上させる必要があると認識しているものの、食料自給率向上において高く評価している施策は少なく、しかも現時点では十分に講じられていないと判断している。したがって、政府や実需者は今日講じている多数の施策の重要性および有益性をよりアピールし、広く国民に理解を深めてもらう必要がある。

　第2に、食料自給率向上のために国産農産物の安全性に関する施策は有効といえるが、上述の回答者であっても輸入農産物との価格差が生じると購入を控える傾向にある。それゆえ、国産農産物の安全性を広く国民に周知したうえで食料自給率向上を試みるにしても、効果を発揮するにはある一定の価格差以内に販売価格を抑えることが必須と考えられる。したがって、政府、生産者、実需者はあらためて価格差を縮小させる必要があることを認識するとともに、この目標の実現に向けて、農林水産省生産局が示す「品目別生産コスト縮減戦略」等の施策も踏まえながら、一層取り組むことが望まれる。

　なお、上記の課題以外にも本アンケートの結果から今後に取り組むべきことを指摘できる。それは、先にあげた国産農産物の「安全性」に対する認識の向上についてである。この点について国産農産物は輸入農産物に対して優位性を得ていたが、このことを明確に認識しているのは約60％であり、また国産農産物を安全と認識している比率は半

分以下（45.4％）であった[9]。国産農産物の安全性は、国内農業の存在価値および意義を高める要素のひとつなので、このことを国民に深く理解してもらうためにより強くアピールすることが必要である。

付記

アンケートの集計にあたり、東京農業大学食料環境経済学科フードビジネス研究室の山崎拓馬氏の協力を得た。謝意を申し上げる。

注
1) 農林水産省（2010）p.43。
2) 参考文献にあげた成果からも多くの施策があることを理解できる。
3) 東京農業大学の多くの卒業生が農業・食品関連産業に携わっている。
4) 各学科の選択必修講義のすべてでアンケートを実施したのではなく、各学科において1つの講義で実施した。
5) 農業の多面的機能の重要性を理解していれば、この機能を維持・発展させる必要性があるという意識も働くと推測できるため、食料自給率を向上させたいという意識が働くと仮定した。
6) 表8に関連する調査項目の作成に関して、東京農業大学総合研究所三輪睿太郎教授から御指導頂いた。
7) 第1章で食料供給力強化のための方策として生産費の縮減をあげているが、この方策の具体的な目途となるであろう。
8) 外食産業総合調査研究センター（2009）p.172を参照。この調査は「平成20年度第1回消費者行動調査」という名称で実施された。
9) 輸入農産物の将来の安全性について比較的に前向きに捉えていることもこうした結果に関係していると考えられる。ちなみに、本稿で対象とした回答者へ「近い将来、輸入農産物の安全性は改善されると思うか」という項目を尋ねたところ、そのように思わない22.2％、全くそのように思わない5.3％となっていた。

参考文献

［1］上岡美保（2010）『食生活と食育―農と環境へのアプローチ―』農林統計出版
［2］外食産業総合調査研究センター（2009）『外食産業統計資料集』2009年版
［3］高柳長直（2006）『フードシステムの空間構造論―グローバル化の中の農産物産地振興―』筑波書房
［4］田中裕人・上岡美保・大久保研二（2010）「緑提灯登録店が発信可能な情報に関する分析」東京農業大学農業経済学会『農村研究』第111号、pp.13-21
［5］堤えみ・後藤一寿（2009）「食品産業における青果物の一次加工品に関する意識―熊本県農産物活用のためのニーズ調査結果より―」実践総合農学会、No.6、pp.127-132
［6］農林水産省（2010）『食料・農業・農村白書』平成22年版
［7］藤島廣二・中島寛爾（2009）『農産物地域ブランド化戦略』筑波書房

あとがき

　東京農業大学では、2009年および2010年の年末に毎日新聞社との共催で丸ビルホールにおいて、「食料の安全保障と日本農業の活性化を考える」と題する公開シンポジウムを開催してきた。2011年も開催を予定している。このシンポジウムは、東京農業大学総合研究所が立案しここに事務局をおいて企画を進める一方で、本研究プロジェクトがその実行を推進している。
　シンポジウムは、現地報告とパネルディスカッションの2部構成となっている。現地報告では、実際に農業を法人や会社の組織形態で展開している企業的農業生産者、中央や地方の一線にたっている農業行政担当者、ユニークな活動を行っている農産物流通業者や食育活動家などから、現場に即した話題を提供していただいている。また、パネルディスカッションでは具体的なテーマを設定し、政界、行政界、農業界、学界など様々な分野から多彩なパネリストをお招きして、熱心に討論していただいている。
　こうした企画の実施を通じて、日本の食料と農業・農村に関わる実相が目に見える形で明らかになった。なお、シンポジウムの内容については、東京農業大学広報部が発行している「新・実学ジャーナル」誌に述べられているので、参考にされたい。
　本書においても、それぞれの執筆者が可能なかぎり農業や農村の現場から学び、食料自給率の向上に役立つ有益な事例や情報を引き出すことを心がけた。はしがきでも述べたように、食料自給率を向上させるためには、地域の特性という空間軸と時の流れという時間軸を両軸にして、多角的かつ多次元的な立場から具体的な作物なり生産する現場を想定して相互に深く論じ合い、それらの意見を総合化・集約化して、ヴィジュアルな方向と実現可能性の高い効果的な政策的手立てを考究していくセンス（感性）がどうしても不可欠である。

本書でも、コメやコムギなど土地利用型作物の増収に資する栽培と育種の技術、地力維持に重点をおいた環境保全型農業の実態、適期作業の実施と農地の高度利用のためのIT技術の利活用、自給率論の縁辺部にある作物や地域の復権、大豆や冷凍野菜の需給調整をめぐるフードシステムの展開、土地利用型農業の優良事例の紹介、次世代の食と農に対する意識の所在、アジア地域における食料・農産物の貿易深化等などについて論じてきた。また本書は、問題の提起からマクロ経済、地域経済、個別農業経営、農産物流通、農業技術、アンケート調査の結果と考察に至るという流れで構成された。しかしながら、論じられず欠落したままになっている論題や分野が数多く残されているのは、十分に承知の上である。

　今後とも、本プロジェクト研究を遂行していくなかで、読者の方々よりさまざまなご意見を賜りたく思う次第である。

執筆者を代表して　　板垣啓四郎

執筆者紹介

板垣　啓四郎（いたがき・けいしろう） .... 編著者、はしがき・第1章・あとがき

　1955年生まれ。東京農業大学国際食料情報学部国際農業開発学科教授。東京農業大学農学部農業拓殖学科卒業。博士（農業経済学）。東京農業大学助手、講師、助教授を経て現職。専門分野は農業開発経済学。著書に『食料需給と経済発展の諸相』（筑波書房、2008、編著）、『村落開発と環境保全―住民の目線で考える―』（古今書院、2008、共著）など。

金田　憲和（かなだ・のりかず） .... 第2章・第11章

　1966年生まれ。東京農業大学国際食料情報学部食料環境経済学科准教授。東京大学大学院農学研究科博士課程中退。博士（農学）。東京大学助手、東京農業大学講師を経て現職。専門分野は農業経済学・国際貿易論。著書に『土地資源と国際貿易』（多賀出版、2001）、『食料環境経済学を学ぶ』（筑波書房、2007、共著）など。

杉原　たまえ（すぎはら・たまえ） 第3章

　1961年生まれ。東京農業大学国際食料情報学部国際農業開発学科准教授。千葉大学大学院自然科学研究科生産科学専攻博士課程修了。学術博士。東京農業大学講師を経て現職。専門分野は農村社会学。著書に『家族制農業の推転過程―ケニア・沖縄にみる慣習と経済の間―』（日本経済評論社、1994）、『日本とアジアの農業集落―組織と機能―』（清文堂出版社、2009、共著）など。

井形　雅代（いがた・まさよ） 第4章

　1964年生まれ。東京農業大学国際食料情報学部国際バイオビジネス学科准教授。東京農業大学農業経済学科卒業。東京農業大学助手、講師を経て現職。専門分野は農業経営学・農業会計学。著書に『代替農業の推進―環境と健康にやさしい農業をもとめて―』（東京農業大学出版会、2006、共著）、『バイオビジネス・8―経営者個性がもたらす企業革新―』（家の光協会、2009、編著）など。

吉田　貴弘（よしだ・たかひろ） 第5章

　1984年生まれ。上智大学外国語学部イスパニア語学科卒業。東京農業大学大学院環境共生学専攻博士後期課程在学中。専門分野は農業開発経済学。

新部　昭夫（にべ・あきお） ………………………………………………… 第6章
　1954年生まれ。東京農業大学国際食料情報学部国際バイオビジネス学科教授。東京農業大学大学院農学研究科農学専攻博士後期課程修了。農学博士。東京農業大学助手、講師、助教授を経て現職。専門分野は農業情報処理論。著書に『バイオビジネス・3』（家の光協会、2003、共著）、『バイオマス利活用における住民の認知と経済評価』（農林統計出版、2010、共編著）など。

菊地　昌弥（きくち・まさや） ………………………………………… 第7章・第11章
　1977年生まれ。東京農業大学国際食料情報学部食料環境経済学科助教。東京農業大学大学院農学研究科農業経済学専攻博士後期課程修了。博士（農業経済学）。食品企業勤務を経て現職。専門分野は農業経済学・農産物流通論。著書に『冷凍野菜の開発輸入とマーケティング』（農林統計協会、2008）など。

小塩　海平（こしお・かいへい） ………………………………………………… 第8章
　1966年生まれ。東京農業大学国際食料情報学部国際農業開発学科准教授。東京農業大学大学院農学研究科博士課程修了。博士（農学）。東京農業大学助手、講師を経て現職。専門分野は植物生理学。著書に『インドネシアを知るための50章』（明石書店、2004、共著）、『熱帯農業と国際協力』（筑波書房、2006、共著）など。

丹羽　克昌（にわ・かつまさ） …………………………………………………… 第9章
　1963年生まれ。東京農業大学農学部農学科准教授。京都大学大学院農学研究科農林生物学専攻博士課程修了。博士（農学）。東京農業大学助手、講師を経て現職。専門分野は植物遺伝育種学。著書に『植物育種学辞典』（培風館、2005年、共著）など。

入江　満美（いりえ・まみ） ……………………………………………………… 第10章
　1973年生まれ。東京農業大学国際食料情報学部国際農業開発学科講師。東京農業大学大学院農学研究科博士後期課程修了。博士（生物環境調整学）。東京農業大学助手を経て現職。専門分野は環境科学。著書に『地域資源活用　食品加工総覧』（社団法人　農山漁村文化協会、2002、共著）、『熱帯農業と国際協力』（筑波書房、2006、共著）など。

田中　裕人（たなか・ひろと） …………………………………………………… 第11章
　1972年生まれ。東京農業大学国際食料情報学部食料環境経済学科准教授。京都大学大学院農学研究科後期課程修了。博士（農学）。東京農業大学助手、講師を経て現職。専門分野は農業経済学・環境経済学。著書に『農村地域における資源の循環活用と管理』（農林統計出版、2009、共著）、『バイオマス利活用における住民の認知と経済評価』（農林統計出版、2010、共著）など。

我が国における食料自給率向上への提言

2011年3月23日　第1版第1刷発行

編著者　板垣啓四郎
発行者　鶴見治彦
発行所　筑波書房
　　　　東京都新宿区神楽坂2－19 銀鈴会館
　　　　〒162－0825
　　　　電話03（3267）8599
　　　　郵便振替00150－3－39715
　　　　http://www.tsukuba-shobo.co.jp

定価はカバーに表示してあります

印刷／製本　平河工業社
©Keishiro Itagaki　Printed in Japan
ISBN978-4-8119-0381-1 C3033